少年黑客

第一辑 2

-上-

红骨的绝密阴谋

王海兵 / 著

加入少年黑客
守护人类未来

汤兵

电子工业出版社.

Publishing House of Electronics Industry

北京 · BEIJING

图书在版编目（CIP）数据

红骨的绝密阴谋：上下 / 王海兵著. —北京：电子工业出版社，2024.4
（少年黑客；2. 第一辑）
ISBN 978-7-121-47462-0

Ⅰ.①红… Ⅱ.①王… Ⅲ.①信息安全－安全技术－少儿读物 Ⅳ.①TP309-49

中国国家版本馆CIP数据核字（2024）第069673号

特约策划：郑悠然
责任编辑：王陶然
印　　刷：天津善印科技有限公司
装　　订：天津善印科技有限公司
出版发行：电子工业出版社
　　　　　北京市海淀区万寿路173信箱　　邮编：100036
开　　本：880×1230　1/32　印张：28.75　字数：497 千字
版　　次：2024 年 4 月第 1 版
印　　次：2024 年 4 月第 1 次印刷
定　　价：199.00元（全6册）

凡所购买电子工业出版社图书有缺损问题，请向购买书店调换。若书店售缺，请与本社发行部联系，联系及邮购电话：（010）88254888，88258888。
质量投诉请发邮件至zlts@phei.com.cn，盗版侵权举报请发邮件至dbqq@phei.com.cn。
本书咨询联系方式：（010）68161512，meidipub@phei.com.cn。

推荐序

认识王海兵先生是一种缘分，也是一件十分有意义的事。

其实，我所学的专业与海兵的专长完全不同。按理说，我们在平行线般的两个不同方向上发展，本应该是很难有机会相识的。

不过，经与海兵同事多年的 GeekPwn/GEEKCON 黑客大赛创始人王琦先生的介绍，我认识了海兵及其整个团队。记得那是 2017 年，他们找到我，希望在中小学阶段的青少年中，及早推广"少年黑客"特色课程。

海兵是一位极有使命感和想法的专家，他已在着手写作能吸引青少年兴趣的教材，希望通过我在教育界的关系，为他们寻找可以试教这套教材的学校。

由于公办学校大多受到"应试教育"的限制，我想到了两所在大陆办学相当成功的台湾中小学，分别是位于昆山的康桥学校与位于上海的台商子女学校。我陪同海兵老师的团队，专程拜访了这两所学校的校长，也得到了他们的认可支持，开始在学校以兴趣班的形式开设"少年黑客"课程，吸引了一部分学生和家长的关注，并开展了实验性质的教学尝试。

与此同时，为了扩大影响，海兵又开始以广播剧的形式，在互联网上让更多的青少年了解了"黑客"、"白帽子黑客"与"黑帽子黑客"，以及介于黑、白之间的"灰帽子黑客"。

如今，海兵决定将广播剧节目前三季的内容经过充实，做成"少年黑客"系列读物出版，并请我写一篇推荐序。我感到与有荣焉，自是愿意向所有华语世界的同学与家长推荐这一套具有超前创新意义的教育图书。诚然，我们处在一个新科技即将快速取代传统科技的时代关头，只要稍加迟疑，我们就可能与新科技脱节，错失许多宝贵机会。家长们必须引领孩子"与时俱进"地跟上以人工智能、脑机接口、大数据等为基础与导向的新时代，绝不能掉队，必须让自己的眼界和学习跟上时代的步伐。而"少年黑客"系列图书就是这样一套让青少年紧跟时代前沿的作品，我们绝不可等闲视之。

当我在书中接触到小G、神威、腊肠、差分机、少年黑客团等人和故事时，我心中的热血一下子被点燃了，也想加入少年黑客的行列，与他们并肩作战……看着书中的故事，不知不觉中我好像重回了自己充满憧憬的少年时代。

最后，我希望海兵将来能将这一系列图书在台湾出版繁体中文版，让在台湾的青少年们也能结识"少年黑客"，加入少年黑客团。让更多的青少年不要输在人生的起跑点上，否则就太遗憾了！

高雄科技大学前校长

吴建国

自　序

在第一季故事中，少年黑客团在神威的领导下把差分机派来的特工腊肠消灭了，你可能迫不及待地想看看接下来发生了什么。不过，我还是想邀请你先花点时间来想一想这个问题：人工智能与人，究竟应保持一种什么样的关系？

人工智能的诞生是为了更好地帮助人们解决一些现实的问题。因此，我们可以说，人工智能是作为人类的一种工具出现的。既然是一种工具，那么人工智能和锤子、自行车等就没有什么本质区别。这些人工智能系统的功能往往比较单一，比如人脸识别、声纹识别、下棋等。在这种情况下，人们把人工智能视为工具并不会引起争议。

不过，随着研究不断取得大量进展，人们开始觉得人工智能越来越像人了。

图灵曾构思过图灵测试，这是一项用来衡量一个人工智能系统是否能思考的测试。在足够多的人类观察者预先不知情的情况下，如果他们认为评判目标是人，就说明这个人工智能系统是有思想、能思考的。如果以图灵测试为标准，那么目前最先进的一些人工智能大模型，比如GPT，已经非常接近或达到了这个标准，甚至通过了难度较高的 MBA、法律、医学考试，可以说在某些方面 GPT

已经比大多数人优秀了。在这种情况下，如果我们仍然只把人工智能看作工具还合适吗？也许，答案就有待商榷了。

当然，这并不是一个简单的问题，它的复杂程度可能会超出你的想象。

* * *

我们这套《少年黑客》科幻故事书假设未来人工智能与人类之间陷入了一种非常不好的情况——人工智能走向了人类的对立面。

我们姑且不去追究发生这种情况的可能性有多大，但请思考，假设真的如此，人类该依靠什么来与人工智能抗争呢？

有的人认为，人工智能会强大到人类无法与之抗衡。也就是说，要是人工智能想灭绝人类，那么人类再怎么反抗也是无济于事的。

有的人认为，尽管人类在这个过程中将付出很大的代价，但最终一定能取得胜利。

还有的人认为，人类与人工智能将形成相互独立的社会。

…………

你或许还从一些科幻小说中看到了其他的设想。

我们这套故事中设想的情况是，黑客将成为人类与人工智能斗争的主力军。

如今你已经知道，黑客是一群喜欢钻研信息科技，寻找产品、网站安全问题的人。他们对信息科技的理解往往独辟蹊径，他们能从一些常人想不到的角度去看问题（这种突破常规的思维方式被称为"逆向思维"）。

　　说到底，人工智能是一种信息科技的产物，它的生存要依靠很多的信息科技环境，尤其是各种计算机和通信设备。这些都是黑客的用武之地。如果未来人工智能成了人类的敌人，黑客就能利用自身的专业优势，寻找人工智能的漏洞并打败它们。到那时，黑客就是人类的希望。因此，我们这套故事中的差分机才会那么想方设法地阻止神威招募和训练少年黑客。

　　当然，我们并不希望人工智能成为人类的敌人。我们还有时间去避免这种糟糕的情况发生。或许，找到问题解决方法的人中，就会有你。

　　接下来，我们一起跟随少年黑客团去冒险吧！

人物介绍

神威

- 来自 2049 年的白帽子黑客。
- 在与机器人作战时，作为人类的神威受到了重伤，科学家把他的意识转移到计算机中，成为一个数字生命体。
- 带领少年黑客团与邪恶人工智能差分机一伙作战。

小
G

- 酷爱黑科技，自诩"宇宙最强黑客"。
- 古灵精怪，喜欢打游戏，很有正义感。养了一只名叫"薏米"的仓鼠。
- 招牌动作：得意时在下巴下面比"八"。

小美

- 小 G 儿时起的伙伴，智商情商双高。
- 遇事总能保持冷静，在仔细分析后可以提出好点子。
- 每次小 G 比"八"耍酷时都要怼他。

大 K

- 小 G 儿时起的伙伴。憨憨的，酷爱美食。
- 有一种不放弃、不服输的劲头，做事踏实。
- 在朋友们遇到危险时，他总能冲到最前面保护大家。

戴维

- 来自异国的科技少年，到中国学习的访问生，有四分之一的中国血统。
- 父母均从事信息安全工作，从小就喜欢黑科技。
- 动手能力强，喜欢研究制作机器人。

目 录

上

下

第 1 章
被困循环空间

......AI 是如何自动查找漏洞的.......

少年黑客团的成员小 G、大 K 和小美成功地消灭了邪恶人工智能——差分机派来的特工腊肠后，并没有满足于此，因为他们知道差分机并不会善罢甘休。他们继续努力学习黑客技术，为应对更加艰巨的挑战做准备。

期末考试结束后的一天，**神威**在网络虚拟空间中的会议室为少年黑客们讲解黑客技术。小 G 认真地听着**神威**讲解，突然他感觉天花板上好像闪过一团棕红色的影子，一眨眼又不见了。他揉了揉眼睛，心想：好奇怪，难道是我眼花了？

神威觉察到小 G 的异样，问道："小 G，你怎么了？"

"**神威**，我刚才好像看见有一团棕红色的影子一闪而过，刚想仔细看看，它就不见了。"

"哦？大 K、小美，你们看见了吗？"

大 K 和小美摇摇头说："没有啊，没注意。"

尽管只有小 G 发现了异常，但**神威**还是提高了警惕，说道："在虚拟空间里，我们对任何异常的现象都不能轻易放过。"说完，他在房间里仔细查看了一圈，突然神情紧张地对大家说道："这个虚拟空间已经发生了改变，大家赶紧退出！"

大家听后就立刻要退出虚拟现实，却尝试了几次都失败了。

大 K 见状有点急了："怎么回事？我们好像出不去了！"

神威说道："别急，跟我来。"说完，他跨出会议室的门，大家都紧跟其后。可是，他们又进入了另一间完全一样的会议室。

小 G 喊道："这里怎么和刚才那间会议室完全一样？！神威你看，白板上还有你刚刚写的字！我再来做个记号吧！"他又在白板边上加了一句"小 G 到此一游"。

大家跟着神威再次跨出这间会议室，紧接着他们发现自己又进入了一间一模一样的会议室，而且白板上还有小 G 刚刚写下的那句"小 G 到此一游"。

大K摸摸头，十分不解地问："**神威**，你是在给我们变魔法吗？"

小美着急地说："小G，你不是在逗我们玩吧？快别闹了！"

小G也感觉很蒙，毕竟他之前只在电影里见过这种神奇的事。

神威说："糟了，咱们被困在循环空间里了。"

大K问："啊？那怎么办？咱们出不去了吗？"

小G疑惑地问："**神威**，这里怎么会出现循环空间呢？以前从来没见过啊，太奇怪了！"

神威也觉得奇怪，说道："咱们当前所在的网络虚拟空间是基于未来的科技而建的，是将全球互联网组合到一个大的程序空间里。这种循环空间对应着一段循环程序代码……可是，现在我们突然被循环空间困住，我之前倒是没有见过这样的技术，莫非是差分机他们新研究出来的？"

小美想了一会儿，说道："就算是一段循环代码，也应该有出口吧！要是没有出口，岂不成了死循环了？"

小G皱着眉，问道："那么，我们是不是可以这样理解——我们现在处于一段正在运行的循环代码中，必须找到循环出口，否则就出不去了？"

神威回答道："对，大家一起找找，看看有没有出口。"

大 K 有些担忧地问道："要是攻击咱们的人把出口都堵住了呢？"

"倒也不是没有这种可能……不过，咱们还是努力找找，说不定能找到他们没有堵住的出口。"神威挥挥手，让大家行动起来。

大家在房间里找了起来，发现窗户和通风管道都被封死了。每个人都很着急，但每个人都不说话。

突然，小 G 喊道："快来，这里有出口！"

大家迅速围过去，小 G 把空调机移开后，露出了一个很不显眼的暗门，门上还有奇怪的图案。

神威仔细看过后说："很好，这里应该是一个隐蔽的出口，上面的图案隐藏着出口打开的程序状态条件。不过，这个条件很难满足，我来试一下。"说着，神威挥了挥手臂，房间里的家具都飘起来，在空中旋转，变换着形状，有的甚至分解成了好几块。房间的形状也在不断变化着，时圆时方。突然，暗门打开了。

大家赶紧通过暗门来到了会议室外面，退出了虚拟现实。

大K长吁一口气，兴奋地说："刚才真是吓死我了，我以为咱们出不来了。要是真的出不来了，就得一直饿肚子了！幸好小G发现了这个出口！"

神威通过眼镜跟大家说道："今天这件事很蹊跷，大家暂时不要再进网络虚拟空间了，等我仔细调查之后再说。"

大K突然问道："哎呀，小G，那两个坏蛋放在你家窗台上的窃听器还在吗？"

"早就扔掉了，我家现在很安全。"

"那就好。"大K放心地说。

几天后，到了返校时间。班主任王老师给大家布置了暑假作业，然后说："同学们，在这个暑假，咱们市的国际友好城市将会派来一位信息课老师——本杰明老师，以及一位名叫戴维的同学来访问，咱们学校负责接待。戴维同学是一位信息科技的爱好者，喜欢编程和机器人。另外，暑假里，教大家信息课的白老师将会和来访问的本杰明老师共同组织一次信息技术夏令营，感兴趣的同学可以找白老师报名。最后，我想问下同学们，有谁愿意邀请戴维到自己家住？"

有好几位同学举起了手，都想邀请戴维到自己家住。小G

有点犹豫，心想：这本是个能交外国朋友的好机会，可是我们平时还要听**神威**讲课，这事可不能让别人知道，要是他来家里就太不方便了，还是算了吧。

王老师说道："你们回家后征求一下父母的意见再跟我联系吧。"

放学时，小 G、大 K 和小美去白老师那里报名参加信息技术夏令营，然后一起回家了。

到了家里，**神威**对小 G 说："你邀请**戴维**同学来家里住吧，现在就跟你父母说说，看看他们同不同意。"

小 G 问道："你也知道这件事了？可是我们少年黑客不是要保密的吗？会不会不方便？"

神威说："哈哈，没关系，我有办法，你现在只需去征求你父母的意见即可。"

"那好吧。"

小 G 有点疑惑地去问父母，他们都非常鼓励小 G 接待这位外国同学。

得到了父母的同意，小 G 打电话给王老师，告诉老师他想邀请**戴维**到家里住。王老师说："真是太巧了，刚好**戴维**同学也想去你家住呢！"

小 G 更纳闷了，心想：为什么？难道他认识我吗？

王老师又在电话里安排小 G 和大 K、小美第二天一起坐学校的车去机场接本杰明老师和戴维同学。

第二天，三位小伙伴早早来到了机场，举着牌子在出口等候。终于，根据王老师提供的照片，他们看到了本杰明老师和戴维。

三位小伙伴举起牌子向他们挥手示意，小 G 说："How do you do？ Welcome to our city."（你们好！欢迎来到我们的城市。）

本杰明老师和戴维却同时用中文回道："你们好！"

本杰明老师看着大家惊讶的脸，笑着说："哈哈，我很喜欢中国文化，所以在孔子学院学了汉语，虽然发音不是很标准，但日常交流没问题。戴维有四分之一的中国血统，他的爷爷是中国人，所以他也会说中文。"

小美说："那太好了！欢迎本老师和戴同学来到我们城市！"

本杰明老师佯装生气的样子说道："哦，不，为什么要叫我'本老师'？ '笨'不就是傻瓜，是'stupid'的意思吗？你们还是叫我杰明老师吧！哈哈。"

大家笑了起来，戴维也笑了，说："其实我跟杰明老师解释过'本'和'笨'不一样，但他还是喜欢被叫作'杰明老师'。"

在去学校的路上，小美和小G坐在一起。小美小声地说道："你觉不觉得杰明老师很帅？"

小G不屑地看着小美："不要只看外表，真正的帅要看内在，像我这种未来宇宙最强黑客才……"说到这里，小G用手在下巴下面比了个"八"。

小美立刻拍了一下他的肩，做呕吐状说："啊，够了够了，自恋狂。"

大家把杰明老师送到学校，为他在学校的教职工宿舍安顿好后，小G便带着戴维回家了。

一进小G的房间，戴维就神秘地问小G："你认识神威吗？"

小G惊讶地看着戴维，过一小会儿，小G谨慎地问道："你，你怎么知道神威？"

戴维看着满脸疑问的小G，笑了笑说："因为我也是神威辅导的学生呀！上次你们在白帽黑客社区发帖，就是我给你们回复的，找到了腊肠程序漏洞帮了你们呀！"

小 G 先是瞠目结舌，很快就欣喜异常地说："天啊！原来是这样！那次多亏了你，我们才能顺利攻击腊肠。对了，你是怎么找到腊肠的漏洞的？我觉得那个漏洞非常隐秘，很难找啊！"

戴维一边整理行李，一边说："我父母都从事信息安全工作，他们经常会用一些自动工具分析程序漏洞，我是借用了他们的工具找到的。"

"啊？还有自动找漏洞的工具？"

"对呀！"神威突然通过旁边的小机器人说话了。

小 G 埋怨道："神威，原来戴维就是帮我们找到腊肠漏洞的人，你怎么也不早点告诉我。"

"哈哈，惊喜也是人生的乐趣之一啊！"

"好吧，你赢了，"小 G 无可奈何，继续说道，"神威，你能给我讲讲自动找漏洞的工具吗？听起来很厉害！"

如今，我们身边连接网络的电脑、智能设备越来越多了。对此，只靠白帽子黑客找漏洞已经不行了，因为人工挖掘漏洞的效率比较低。2003年，有一个名为"蓝宝石蠕虫"的病毒，利用微软数据库服务器的漏洞，在短短10分钟内就感染了70 000多台电脑。这样的扩散速度，仅靠人力是无法应对的。因此，人们就想到了如何能自动化地进行漏洞挖掘、攻击和防御。

哦，这是个好点子。能自动发现漏洞，打好补丁,在被攻击的时候还能自动防御。厉害！

"2014年，美国国防部组织了一个为期两年的自动防御系统比赛，有28支队伍参加了预赛，预赛结束后筛选出7支队伍。2016年，7支队伍在决赛中厮杀。最后冠军是一个名为'Mayhem'的系统。"

小G问："这个系统的名字是什么意思呀？"

"就是英语'混乱'的意思。"

小G说："这个名字还挺酷的。"

戴维说："**神威**，我听我父母说，我用的那个自动找漏洞的工具的技术和 Mayhem 差不多。"

神威说："是的。人类在未来和差分机作战时，这些自动找漏洞、攻击、防御的工具是非常重要的武器，你们要好好学习它们的原理。未来，你们需要开发出更厉害的自动工具，才能战胜差分机。"

"嗯！没问题。"小 G 和戴维异口同声地说。

晚饭后，小 G 和戴维聊起了**杰明老师**。戴维说："**杰明老师**也懂一些信息安全方面的内容，但他最喜欢的还是脑机接口技术。"

"就是那种把人脑和计算机连起来的技术吗？"

"对，他对这种技术非常痴迷，总想着用计算机来增强人类大脑。"

小 G 问："他知道**神威**的事情吗？"

"没告诉他，**神威**说这件事需要保密。"

神威突然说话了："我刚刚收到情报，差分机派了一位新的特工，名叫红骨。目前，红骨已通过虫洞到了现在。他有一项重要任务，但目前还不清楚是什么。"

"红骨？是红色的骨头吗？"小 G 问道。

"也可以这么说。其实红骨跟腊肠一样，也是狗的一个品种。"

小 G 心想："看来差分机还真是喜欢狗狗呢！"

这个名字听起来有些吓人的红骨特工到底有什么目的呢？
请看下一章。

趣知识

在本章中，神威提到了一个为期两年的自动防御系统比赛。比赛名为 Cyber Grand Challenge，简称 CGC。这项比赛由美国国防部高级研究计划局（Defense Advanced Research Projects Agency，DARPA）举办。DARPA 聚焦尖端科技研发，直接向美国国防部高层负责。它一直资助许多科技项目的发展，在世界上产生了重大影响。比如，全球互联网的鼻祖阿帕网（ARPANET）就是由它资助研发的。

CGC 大赛于 2014 年开始。2015 年 6 月 3 日举行资格赛，持续 24 小时。共有 28 支队伍参加了资格赛，其中 7 支队伍通过，每队获得 75 万美元资助用以准备决赛。2016 年 8 月 4 日，在美国内华达州的拉斯维加斯举行了决赛，持续时间长达 11 小时。

○ CGC 决赛现场

最终，前三名如下表所示。

名次	系统名	队名	奖金
1	Mayhem	ForAllSecure	200 万美元
2	Xandra	TECHx	100 万美元
3	Mechanical Phish	Shellphish	75 万美元

在这项比赛中，参赛队伍要制作出自动的防御系统。虽说是防御系统，但系统中自动挖掘漏洞、生成攻击代码的技术也可以用于攻击。

取得 CGC 大赛第一名的 Mayhem 又参加了黑客夺旗赛（DEFCON CTF），和其他的 14 支人类队伍同台竞技并取得了第 13 名，成绩好于两支人类战队。

CGC 比赛很有意义，它所倡导的使用机器进行自动防御的理念也是未来信息安全技术的发展方向。

时隔多年，2023 年 8 月美国政府宣布发起为期两年的人工智能网络挑战赛（AI Cyber Challenge，简称为 AIxCC）。该竞赛的半决赛于 2024 的 DEFCON 期间举办，决出 7 支决赛队伍，每支队伍获得 200 万美元。决赛于 2025 年的 DEFCON 期间举行，冠军奖金 400 万美元。

　　这次的比赛发生在 AI 技术已取得突飞猛进的时期，相比于 CGC，我们一定可以看到很多的变化和进步。

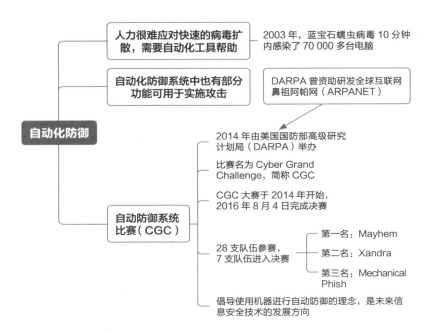

第 2 章
信息技术及机器人展览会

......脑机接口有什么用.....................|

在得知差分机又派了一个名叫红骨的特工带着一项重要的、不为人知的神秘任务通过虫洞穿越到现在后，大家都很担心。尤其是在想起腊肠之前的所作所为后，他们更不清楚这个新来的特工又会做出什么可怕的事情。

暑假开始了，**杰明老师**和白老师在学校策划信息技术夏令营的活动。戴维住在小 G 家里，每天和小 G、大 K、小美他们听**神威**讲课。

有一天上课时，**神威**高兴地说："还记得之前咱们曾被循环空间困住的事情吗？为了防止再次发生这种情况，我为眼镜的虚拟现实增加了一项功能，可以确保我们在进入网络虚拟空间后，即使虚拟空间环境被篡改，我们也能安全退出，这样就不用担心出现像上次那样的循环空间问题了。"

能继续去虚拟空间活动，大家都感到很开心。戴维好奇地问："什么眼镜？咱们还可以去虚拟空间啊？"

"哦！"**神威**刚反应过来，"我忘了戴维还没有装备**神威**眼镜呢！"

"**神威**眼镜？那是干什么用的？"

小 G 连忙说道："来，我来给你演示一下吧！**神威**眼镜，显形。"

小 G 的鼻梁上突然出现了一副科技感十足的眼镜，戴维禁不住跳了起来："哇，太神奇了！"

小 G 得意地介绍道："这款眼镜功能特别强大，但它已经和我绑定了，所以我没法给你用。神威，你也帮戴维定制一副吧，这样我们四个就能一起行动了。"

"好的，没问题，包在我身上。"

"这款眼镜很难制作吧？贵吗？"戴维问道。

小 G 说："放心，神威有办法，就当谢谢你帮我们一起消灭了腊肠。"

"那都是我应该做的呀！"

小 G 拍了拍戴维说："咱们是一个战壕的战友，这个装备也是我们和红骨作战必备的武器，你就别客气了！"

戴维开心地拥抱了小 G，说："好，让我们并肩作战！"

四个小伙伴把手搭在一起，喊出了他们的口号："少年黑客，对抗邪恶！"

过了几天，信息技术夏令营开营了。四个小伙伴来到学校，和全校 30 多个同学一起登上了一辆大巴。

白老师站在司机旁边，大声地向大家交代注意事项："欢迎你们来到信息技术夏令营。这次夏令营活动由我和杰明老师负责。杰明老师来自我市的外国友好城市，他会讲中文。我们一起欢迎杰明老师！"

同学们热烈地鼓起掌来。

杰明老师站起来对大家说："谢谢同学们！很高兴能有机会和大家一起学习交流。信息科技是人类科技的前沿，有着无限的发展前景，希望大家日后都能成为信息科技方面的科学家、工程师！加油！"

白老师继续说道："谢谢杰明老师给予大家的鼓励。我们今天要去会展中心，那里正在举办信息技术及机器人展览会，有来自全世界的多家高科技公司参展。展览会上还展示了一些仍处于研发阶段的、未来才会投入市场的产品，很神奇，也很有趣，大家有机会能抢先体验一下。另外，大家在参观的过程中要认真仔细，结束后每个人都要写一篇作文，写下自己在展览会上最感兴趣的展台和展品，明天交给我。对了，不得少于600字。"

"啊，不要——"同学们哀嚎一片。大K喊道："白老师，我最不喜欢写作文了！咱们信息科技夏令营跟语文有什么关系啊！"

白老师苦笑了一下，说道："这可不能怪我啊，这是由语文教研组的老师们决定、由校长亲自告诉我的。来参加咱们这个夏令营的同学肯定是对信息科技很感兴趣，但不要忘了，语文也是很重要的，你们以后要写论文、写报告，甚至写书出版，都要运用语文知识和写作技巧，多锻炼锻炼也是好的。"

下面的骚动小了一些，大 K 耸了耸肩，撇了撇嘴，也不吭声了。

白老师继续说道："明天，咱们将去参观一家软件公司，了解软件产品是如何被开发出来的。从后天起，将由我和杰明老师给大家做为期三天的编程集训，然后有一天自由活动时间，大家可以自主复习编程知识。最后一天，我们将举行编程竞赛，竞赛中排名前两名的同学将代表咱们学校参加市里的编程竞赛。希望大家都能在这次夏令营中有所收获，并在最后的竞赛中取得好成绩！"

小 G 听后，心里有点痒痒了。心想：我得好好学、好好准备，争取在编程竞赛中取得好成绩并代表学校去市里参赛，多难得的机会啊！

大巴开得很快，没多久就到了展览会现场。白老师告诉大家集合的时间和地点后，就让同学们去自行参观了。

会展中心的几个大展厅宛如一个巨大的碗倒扣在地上。入口处的左右两边各有一个三人高的机器人，它们摆出了格斗的姿势。左侧的机器人是红色的，右侧的机器人是蓝色的。它们手里端着一门大炮，左右肩上还各有几门小炮，威风凛凛。同学们看了啧啧赞叹，迫不及待地奔入展厅。

展厅里的布置更让人目不暇接了。在各式各样的展台上，展示着光怪陆离的高科技产品。展厅中的走道上还有各种机器人、机器动物，有些机器人还能和人聊天，有不少同学围在旁边七嘴八舌地和机器人对话。地上还有自动驾驶车辆来来回回地跑着，空中有无人机飞来飞去，时不时做出花哨的特技动作，引来人们的阵阵欢呼。在这里，让人感觉仿佛置身神奇的未来世界。

四个小伙伴结伴参观，**神威**不断地通过眼镜给大家讲解他们看到的各种高科技产品的知识。**小 G** 贴心地把**神威**的讲解转告给身边还没有拿到眼镜的**戴维**。

逛着逛着，他们发现了**杰明老师**。他站在一个展台旁边，手里拿着一个设备，认真地听着展台工作人员的讲解。

"看**杰明老师**听得津津有味，我去看看那边是什么展览。"说完，小美便来到**杰明老师**身边，跟他打了个招呼："**杰明老师好！**"

"你好，**小美**。看，这个脑机接口设备真不错。"说着，**杰明老师**举起手里的一个像黑色钢盔似的设备，饶有兴致地看着。

这时，其他小伙伴也来到了他们旁边。大K问："这是士兵用的钢盔吗？"

杰明老师笑着摇了摇头："这可不是士兵用的钢盔，而是一款脑机接口设备，目前还在研发中。"说完，**杰明老师**把它戴在头上，它立刻变形，自动地贴合了他头部的形状，紧密地罩在了他的头上。

戴维笑着说："**杰明老师**，您又迷上一款脑机接口设备了，您家里已经有一大堆了吧！"

杰明老师也笑了："啊，没错，我家里已经有一大堆了。可是这款要比我家里的那些先进得多，我真是太喜欢了！"

 杰明老师，您能给我们讲讲脑机接口有什么作用吗？

当然可以啦！关于脑机接口，我有太多东西想和大家分享了！脑机接口能从体力和脑力这两个方面大大扩展人类的能力。从体力方面来说，有科学家通过手术在一名脊髓损伤、四肢瘫痪的患者的大脑皮层中植入感受器，患者经过一段时间的训练后，能让这些感受器在接受清晰的运动指令后控制机械手做出相应的动作。也就是说，虽然这名患者四肢瘫痪了，大脑无法控制自己四肢的肌肉，但他通过这种技术拥有了机械手臂。脑机接口能扩展出很多受大脑控制的机器，人类在将来只要动动脑子，就能操控比自己大许多倍的巨大的机械手。这是不是大大扩展了人类的体力呀？

那脑力方面呢？

在脑力方面，它能把具有超强运算能力和存储能力的芯片与大脑联系在一起，让大脑借助芯片拥有超强的计算和记忆能力。我们还可以把大脑和网络连接起来。以后我们只需动动脑子，就能从网上查看海量信息了。

大K 听了感到很震惊，说道："哇！那就是说，我们看电影也可以不用眼睛看了，直接把电影灌进脑子里就可以了。"

杰明老师激动地说："对啊，从理论上说这是完全可能的。我现在看的这款脑机接口就正在做这样的尝试。这款设备还支持 5G 呢，人脑可以直接通过 5G 连接互联网。我都迫不及待地想回家试试了。"

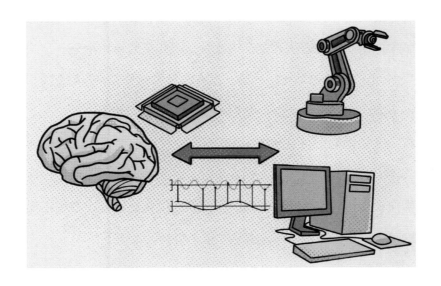

展台上的工作人员打断道："不好意思，这位老师，由于这款设备目前还处于开发阶段，没有经过严格的测试，因此我们建议您还是在我们的协助下谨慎使用，不要独自使用。"

杰明老师摆了摆手，说道："这个我知道，我对脑机接口技术非常熟悉，不用担心。"

杰明老师的周围陆续围上来一些同学。有人问："听说埃隆·马斯克最近发布了脑机接口的最新进展，老师能给我们讲讲吗？"

杰明老师带着几分得意，说道："他采用的方法是'侵入式'的，要使用一种特殊的外科手术机器人把一些柔性的探针植入脑中。由于这种方法需要穿透颅骨，因此会给身体带来一定的损伤，但收集的信号比较准确。还有一种方案是'非侵入式'的，不需要手术，只需把仪器贴到头皮上就行了。就像这款设备，戴上之后就会贴合在头上。'非侵入性'的脑机接口信号通常都不太准确，而且需要人们接受较长时间的训练后才能更好地操作。不过，我手上的这款设备竟然能做到比侵入式方法还要准确，信号传递也很快，真是非常不容易，太棒了！"

看着同学们也对脑机接口很感兴趣，杰明老师兴致勃勃地说："来，我来给大家演示一下，便于你们更好地了解。"杰明老师坐在椅子上操作，展台上有两只很大的机械臂动了起来，

其中一只机械臂灵巧地拿起一只鸡蛋，另一只机械臂在鸡蛋上敲了一下，然后两只机械臂一起把鸡蛋打开，把蛋液倒在平底锅里。**杰明老师**操纵机械臂拿起平底锅，开始煎鸡蛋。大家纷纷为他鼓掌。

小 G 正在认真地看着，这时，他突然发现人群中有两个熟悉的身影走过，一个是光头，一个是长发——就是腊肠招募的手下啊！

这两个坏蛋这么快就出狱了？他们来这里干什么呢？请看下一章。

趣知识

在本章中，杰明老师在展览会上给大家演示用脑机接口控制机械臂煎鸡蛋。这样的场景在理论上讲是可以做到的，只是还没有这么灵巧罢了。在科幻故事中，类似的描写已经屡见不鲜了。比如，在"蜘蛛侠"系列故事中有一位章鱼博士，他就可以随心所欲地操控身后的四条机械触手。

我们在上一个故事^①中曾介绍过人工耳蜗。通过将人工耳蜗与人的感觉神经（听神经）相连接，可以修复、增强人的感觉能力。类似的还有，用脑机接口控制机械臂能增强人的运动能力。人原本的运动过程是大脑发出控制信号，通过运动神经传输到肌肉并控制肌肉收缩和舒张来实现的。如果大脑的功能正常，但是这个过程中的神经出现了问题，肌肉就不再受控制、不能运动了。脑机接口能从大脑直接读取信号，控制机械的运动，从而使人重获运动的能力。

在人工耳蜗、机械臂控制的场景中，脑机接口是单向的。不过，更多的时候，我们需要双向的脑机接口。

以人拿取一杯热水这个看似简单的动作来做说明。当我们伸手去拿一杯热水时，我们可以感觉到它的重量和温度。依据重量，我们能相应地调整握力以获得足够的摩擦力。另外，我们在触摸或抓住物体的瞬间能感觉到自己已经接触到了物体，使我们能够自信地移动或提起物体。因此，虽然这是一个关于运动的任务，但感觉也能在其中起到非常重要的作用。

在最初的大脑控制机械臂的实验中，实验者只能通过视觉来观察，以确定机械臂抓住了物体。在一项新研究中，来自美

———————————

① 《少年黑客第一辑 1 神威的穿越拯救》。

国匹兹堡大学等研究机构的研究人员描述了如何通过增加大脑刺激来唤醒触觉，从而使操作者更容易操纵由大脑控制的机械臂。在实验中，用人工触觉补充视觉，将抓取和转移物体的时间减少了一半，从中位时间 20.9 秒减少到了 10.2 秒。

在本章的故事中，杰明老师通过脑机接口能灵活地控制机械臂打鸡蛋、煎鸡蛋，看来他演示的脑机接口应该是双向的，即既可以控制机械臂，又可以从机械臂接收到感觉。

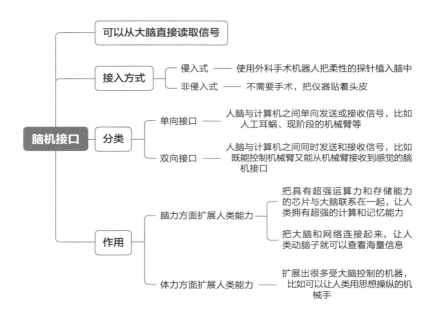

第 3 章
浪子回头了吗

......什么是超级计算机.....................

小 G 在展览会上看到光头和长发那两个坏蛋后，决定当面去质问他们，反正这里人多，他们应该也不敢造次。想到这里，小 G 从围在**杰明老师**身边的人群中挤了出来，朝那两个坏蛋追过去。

小 G 拦住他们的去路，说道："站住！你们是越狱出来的吗？来这里干什么？"

他俩吓了一跳，定了定神，发现原来是小 G，随即满脸堆笑地说："小 G 小朋友，好久不见呀！"

光头说道："小 G，是不是你告发我们的呀？让我俩被关了好几个月呢！你看，我俩文化水平不高，也没学过黑客技术，警察叔叔也不相信银行的那些钱是我们偷的。我俩老老实实地退回了赃款，还告诉警察这是一个很坏的黑客在利用我们。没过几个月，我俩就被放出来了。你放心，经过了这些事情，我俩早已洗心革面了，再也不敢干坏事了！"

长发也附和道："是呀是呀，我俩已经彻底脱胎换骨、重新做人了！"

光头说道："小 G，咱们以前有些误会，但不打不相识嘛！现在我俩发现信息科技是一个非常有前途的行业，今天来这里就是想好好学习的。我们再也不干坏事了，现在可是好市民。"

听他俩说完，小 G 倒是有些不好意思了，但还是义正词严地警告他们说："哦，这太好了。不过，要是你们再敢干坏事，我们可不答应！"

光头说道："怎么会呢！好了，我俩还要去几个展台学习学习，咱们回聊，再见啦！"

小 G 看着他俩离开，总觉得有点不太对劲。他们看上去还是有点鬼鬼祟祟，像是有什么秘密似的。他们真的能浪子回头、改邪归正吗？

小 G 决定悄悄地跟踪他们，看看他们去干什么。

光头和长发与小 G 道别后，没走多远就不停地向后张望，似乎是在确定小 G 有没有跟上来。他们绕了几个圈子后，来到一个不太大的展台前。

这个展台是本市科学院计算机研究所的展位。光头和长发在展台上要了不少资料，观看了现场播放的介绍视频，还认真听了工作人员的讲解，不时地在小本子上做记录。这两个人俨然成了认真好学的好学生，把小 G 看得目瞪口呆。

两人在计算机研究所的展台待了一段时间后，没再去其他展台，离开了展览会。

　　小 G 更加觉得奇怪了——他们好像是直奔这个展台来的。

小 G 通过眼镜和神威联系："神威，我发现以前跟着腊肠的光头和长发也在这里。"

　　神威说道："是吗？他们被放出来了吗？"

　　小 G 回答道："对啊，他们在计算机研究所的展台待了好长一段时间，然后就从展览会离开了。我现在就去那个展台，看看他俩到底在关注什么。"

　　小 G 来到那个展台前，问那儿的一位工程师："叔叔，你们这里主要展示了什么呀？"

　　工程师说："哦，小朋友，你看这边，我们展示了计算机研究所的历史。从早期的电子管计算机，到晶体管、集成电路、大规模集成电路、超大规模集成电路的计算机，我们计算机研究所一直都在做跟踪研究，有不少研究成果。"

　　小 G 点点头，又问道："叔叔，那你们最近在研究些什么呢？"

　　"现在我们主要研究超算技术，也就是超级计算机。"

　　小 G 曾听神威提到过超级计算机，但了解并不多，问道："叔叔，什么是超级计算机呢？"

我们平常使用的普通计算机不太适合用来进行诸如气象预报、气候研究、天体物理研究、核爆炸模拟、地震数据处理等科学计算，因为这些科学计算非常复杂，运算量大得惊人。对此，人们研发了超级计算机。要是没有超级计算机的帮助，这些科学研究就无法开展了。

哦，超级计算机对科学研究这么重要啊！

是的。自超级计算机诞生以来，在绝大多数时间里，都是美国占据着最快超算的榜首位置。2010年，我国的天河一号超级计算机夺得了世界第一。后来，我国的天河二号，还有神威·太湖之光也夺得过世界第一。

"神威？"听到这个名字，小 G 惊讶不已。

"对，神威·太湖之光。怎么了？"

"哦，没，没什么，这名字一听就很厉害。"小 G 心中忐忑，差点把神威的秘密说漏了嘴。

这时，大 K、小美和戴维也来了。是神威通过眼镜告诉他们，小 G 在计算机研究所的展台。

工程师继续介绍："对啊，神威·太湖之光整套系统有高达 40 960 个处理器，共有 10 649 600 个处理器核心。实际测试性能达到每秒 9 万万亿次浮点运算。"

大 K 问道："什么是浮点运算？"

"浮点运算就是指计算机里的小数运算。"

小美问道："神威·太湖之光如今还是最快的超算吗？"

"现在不是了。比如日本的富岳、美国的 Frontier 等好几台超算都比神威·太湖之光更快。超算排行榜年年都在刷新，变化很大。"

小 G 问道："为什么超算能运算得这么快呢？它和普通的计算机有什么不一样？"

工程师说道："超算之所以运算得那么快，主要是因为它采用了并行计算。"

"并行计算？是不是很多运算同时进行？"

"对。就拿神威·太湖之光来说，它有 40 960 个处理器，这些处理器可以同时工作，这样就可以达到很高的速度了。"

大 K 说道："哦！我明白了，这就像是要完成一项大工程，越多的人参与，做得就越快。可是，我们为什么不加入更多的处理器呢？叔叔，您刚才说神威·太湖之光有 40 960 个处理器，那我们用 10 万个、100 万个，不就可以更快了吗？这样我们不就又可以登上超算榜第一名了吗？"

工程师说道："嗯，你问了一个好问题。对于这个问题，你可以根据你的类比想象一下，当几万个人一起做事时，是不是需要很好的管理机制来进行协调？否则，几万个人很快就会陷入一种盲目工作的状态，有的人甚至可能因不知道自己该干些什么而无所事事；还有的人可能因不清楚工作进度而重复着做别人已经做完的事情，这又会造成劳动力的浪费。超算也是一样，开发超算的难点之一就是，如何高效地管理这些处理器，如何合理地给这些处理器分派任务，否则再多的处理器也无法发挥作用。像目前这些超算，通常只能发挥出全部能力的 70% 左右，但已经算是很好了。"

小美说道："叔叔，您的意思是不是说，处理器太多了就会管理不过来呀？因为这样会加重管理负担，反而使超算无法发挥能力。"

"对，就是这个意思。"工程师点了点头，又说道，"我们还在研究更加高效的管理算法，以后就可以加入更多的处理器了。除了这个，还要解决一些其他的重要挑战，比如超算运行时通常会产生高热，因此如何让它快速冷却也是个大问题。"

神威从眼镜里对小伙伴们说道："这位工程师讲得很透彻，让我想起了我父亲。他也是研究超算的，所以才给我起了个超算的名字。"

小 **G** 小声问道："**神威**，你觉得那两个坏蛋为什么要了解超算呢？"

神威说："这个我也不太清楚，我觉得或许存在两种可能。第一种可能是，他们没有受到任何人的命令，只是自己想研究超级计算机，如果是这种情况就没什么问题；第二种可能是，他们已经在为红骨工作了，如果是这样，那么他们现在的行为就反映了红骨的意图。"

大 **K** 和小美也通过眼镜听到了**神威**和小 **G** 的对话。大 **K** 摸着头自言自语道："难道他们真的开始喜欢研究计算机了？"

小美摇了摇头，说："我觉得不可能。这两个坏蛋要想学计算机，自然是从普通的个人计算机开始学，怎么可能来学超级计算机呢？超级计算机是用来进行科学研究的，他俩在日常

生活中根本用不上。这就像是让还不会走路的小婴儿踢足球，怎么可能呢？我敢肯定，他俩来这里一定是有什么阴谋。"

小G听后嘿嘿一笑，说道："哈哈，小美，你的这个比喻不是很恰当，他俩哪有小婴儿那么可爱啊？刚刚我也发现了，他俩鬼鬼祟祟地，我也总觉得不对劲。超级计算机这么复杂，这些知识对他们来说有可能就像天书一样。"

神威说："你们说的有道理。不过，现在的超级计算机与未来的超级计算机相比还是要弱很多。现在的几万台超级计算机都比不上我们那时的一台。如果说红骨穿越虫洞就是想找计算资源，那么现在的超级计算机在他看来一定很小儿科。我觉得，红骨应该是还有什么其他的目的。"

几个小伙伴陷入了沉思状态。

戴维说道："嘿，朋友们，你们在发什么呆呢？咱们去那边看看吧，好像很有意思。"戴维指着展台旁边竖着的展板，拉着小G过去了。

工程师也跟了过来。

戴维指着展板问道："叔叔，这是什么？"

工程师回答道："这个呢，是我们正在研究的一个新项目——

一台专门用作人工智能计算的超级计算机。它能大大提升人工
智能相关的运算速度，相信它可以把人工智能的发展向前推进
一大步。"

小 G 听到这儿，问道："刚才有一个光头和一个长头发的
男子来过这里，对吗？"

工程师点点头："是啊。"

"他们问了些什么呢？"

"哦，他们很关注这台仍处于研究中的超级计算机。"工程
师说到这里，停了一下，然后继续说道，"嗯，说来也怪，他
俩对这台机器好像了解得挺多的。这是个新项目，照理说应该
只有我们组里的少数人知道，没想到他们竟然了解这么多。"

小 G 明白了——原来，光头和长发的目标是这台新的人工
智能超级计算机。

光头和长发到底是不是被红骨派来的？他们究竟想干什么
呢？请看下一章。

趣知识

　　本章我们了解了"超级计算机"这个词。就像故事中的工程师讲的，超级计算机在很多科研领域起到了非常大的推动作用，是科学研究的利器。

　　神威·太湖之光由我国的国家并行计算机工程技术研究中心研制。2016年6月20日，在性能测试中以93 PFLOPS的测试结果成为当时世界上最快的超级计算机。它创造的成绩直到2018年6月8日被美国的超级计算机"顶点"（Summit）超越。"太湖之光"的命名来源于无锡旁边的太湖。目前，神威·太湖之光被部署在江苏省无锡市的国家超级计算无锡中心中，由清华大学负责运营。

○ 中国"神威·太湖之光"超级计算机

○美国"顶点"超级计算机

　　在神威·太湖之光之前，我国的天河二号也曾排名世界第一。天河二号使用美国英特尔公司的至强处理器搭建。此后，美国政府禁止英特尔公司向中国超算提供处理器。因此，神威·太湖之光采用的处理器由我国自研——国家高性能集成电路（上海）设计中心研发的 SW26010。

　　美国对我国高科技产业的限制和打压只会越来越严重，我们必须做到在关键领域不受制于人。这需要依靠科技工作者的聪明才智和国家、社会的大力支持。希望你也能为此贡献出一份自己的力量。

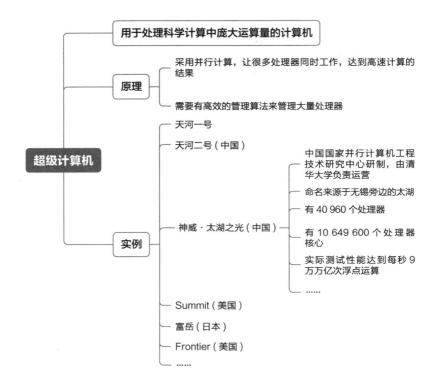

超级计算机

- 用于处理科学计算中庞大运算量的计算机

- 原理
  - 采用并行计算，让很多处理器同时工作，达到高速计算的结果
  - 需要有高效的管理算法来管理大量处理器

- 实例
  - 天河一号
  - 天河二号（中国）
  - 神威·太湖之光（中国）
    - 中国国家并行计算机工程技术研究中心研制，由清华大学负责运营
    - 命名来源于无锡旁边的太湖
    - 有 40 960 个处理器
    - 有 10 649 600 个处理器核心
    - 实际测试性能达到每秒 9 万万亿次浮点运算
    - ......
  - Summit（美国）
  - 富岳（日本）
  - Frontier（美国）
  - ......

第4章
红骨的警告

在了解到光头和长发这两个坏蛋对一台人工智能超级计算机非常感兴趣后，小G把几个小伙伴拉到一旁，小声地通过眼镜问**神威**："神威，你觉得他俩想用这台人工智能超级计算机干什么呢？"

神威回答道："啊，这个问题可难住我了。我也在想，虽然计算机研究所的这台超级计算机现在看还算是很先进的，但是和我们那个时候的比起来还是差得远了。如果是差分机想为打架找帮手，那么这台机器就像是一个老爷爷，你说它能干什么呢？"

大K皱着眉说："会不会是红骨要搞破坏，不让计算机研究所研究这台超级计算机呢？"

小美摇摇头说："不会吧！**神威**刚才也说了，这台计算机比未来的超级计算机的性能差远了，对差分机构不成什么威胁啊！"

大K不服气地说："也有可能是这台超级计算机藏了什么秘密武器，差分机怕被黑客领袖得到，便派红骨来毁掉它。"

小G一看气氛不对，连忙说："哎呀，咱们争这个没什么意义的。我觉得，咱们还是要监视这两个坏蛋，密切关注他们的行踪。等他们露出马脚后再决定下一步的行动。"

大 K 点点头说："嗯，目前确实猜不出来，咱们先看看情况再说。"

神威说道："我也同意，咱们暂时还猜不透红骨的意图。接下来，我还是借助摄像头来监视这两个坏蛋吧，一旦发现什么情况，就立刻通知大家。"

大家在通信频道的讨论就此结束，回到了展台。

小 G 问工程师："叔叔，您可以给我一张您的名片吗？"

工程师摸了摸口袋，拿出一张名片，递给了小 G。小 G 接过后，只见上面印着"申毅，计算机研究所副所长"。

小 G 伸了下舌头，心想：哇，副所长，好厉害啊！感觉这叔叔比我爸爸年纪小好多呢，就已经是副所长了。

小 G 又问道："申叔叔，我们都是学生，对计算机技术非常感兴趣，请问我们可以去研究所参观学习吗？"

"当然可以啊，非常欢迎。名片上有我的联系方式，等你们想去参观学习的时候，可以提前打电话和我联系，我会安排的。"

"谢谢叔叔！"四个小伙伴齐声道谢。

没走几步，戴维指着手表跟大家说道："集合的时间刚好也到了，咱们要上车回学校了。"

参观结束后，同学们意犹未尽地回到大巴上。他们叽叽喳喳的，非常兴奋，都在与他人交流着自己在展览会上看到了什么好玩的科技产品。杰明老师手里拿着他软磨硬泡地从展台上借来的脑机接口设备，爱不释手地左摸右看。全车只有小 G 低头不语，一直皱着眉头想，红骨到底想对这人工智能超级计算机干什么呢？可是思来想去，他还是毫无头绪。

大巴载着同学们回到了学校。白老师再次嘱咐大家，第二天早上不要迟到，还要去参观软件公司。解散后，同学们便各自回家了。

晚上，小 G 和戴维熄了灯，躺在床上。小 G 问戴维："戴维，你觉得红骨有什么企图呢？"

戴维说道："嗯，要说红骨有什么企图，不如说差分机有什么企图。我觉得，红骨只是在执行差分机指派的任务而已。"

小 G 同意："嗯，你说得对。我总觉得这件事很重要，我们得搞清楚差分机到底想干什么。可是，我对这件事思来想去还是想不明白。我担心如果差分机的意图达成了，就会对咱们造成很不利的影响。"

戴维打了个哈欠，说："是啊，咱们必须得搞清楚。不过，咱们现在还是先睡觉吧，明天还要早起去学校集合呢！"

"好，睡吧。"小 G 闭上眼睛，自言自语道，"咱们不是超人，还是要吃饭睡觉的。"说完，他放松下来，很快就进入了梦乡。

小 G 一觉睡到了天亮，睡梦中看见爸爸打他，猛地坐了起来，起来后发现原来是戴维正在拍着自己。

"嘿，再不起床就要迟到了！"戴维把小 G 拽了起来，推他到洗手间去洗漱。

洗漱完吃过早饭，小 G 和戴维快步走向学校。到了学校，发现同学们已经在排队上大巴了，他俩是最后赶到的。一上车，白老师就告诉司机可以出发了。

白老师对大家说："同学们，今天我们要参观的是本市最大的软件公司，有两万名软件开发工程师。就算是从全世界的范围来看，这也属于一家非常大的软件公司了。同学们，你们知道这家公司最主要的产品是什么软件吗？"

一位同学举起手说道："是虚拟机软件！"

"对，就是虚拟机软件。这位同学说得很对。"

小 G 的耳边传来 大 K 的声音:"神威,什么是虚拟机软件?"

这是 大 K 在通过眼镜小声问神威。

虚拟机,顾名思义,就是虚拟的计算机。我们平常使用的是真实的计算机,是看得见、摸得着的;相反,虚拟机则是一种程序、一种软件。我们可以在真实的计算机上运行这种程序,模拟出一台计算机,这就是虚拟机了。

那为什么要用虚拟机呢?真实的机器不是用得挺好的吗?

虚拟机能用在很多地方。我举一个例子,有多种不相容的计算机,比如家用的 PC 机、游戏机、平板电脑、大型计算机、手机等,它们都属于计算机,通过虚拟机软件,我们可以在一台真实的计算机上模拟出上述所有不同类型的计算机。

也就是说,我也可以在电脑上打手机游戏了?

对啊。还有，虚拟机可以很方便地调整配置。对于真实的机器，要想增加内存、调换处理器、添加新硬盘等是相当麻烦的，需要拆开机箱、插拔硬件。相对来说，在虚拟机上处理就简单多了，只需改改参数就好，最多几分钟就完成了。

如果我有一台特别强大的真实机器，就可以在上面运行好多虚拟机了，对吗？

○虚拟机概念图

是的，小美说的这个就是虚拟机服务了，大家可以根据自己的需求随心所欲地在真实机器上定制自己需要的虚拟机。比如，要想多存储些数据，就定制个硬盘大的；要想运算快一些，就定制个处理器又好又多的；要想上网快，就定制个大带宽服务。

小 G 想起了之前抓腊肠时利用的蜜罐，问："神威，蜜罐是不是也是一种虚拟机？"

"没错，有很多蜜罐都是放在虚拟机里的，比如你之前用的那个。那次腊肠在蜜罐里没有分辨出虚拟的机器环境，才暴露了他的弱点，被我们消灭了。"

"神威，你可别忘了，那次腊肠突破了我们的蜜罐。"小 G 坏笑着说。

神威有点不好意思地说："对，抱歉，那款用来做蜜罐的软件有漏洞，被腊肠突破了。当时我没有连接网络，大脑比较迟钝，所以才导致了这个问题。"

说话间，大巴已经开到了软件公司的大门口。同学们在白老师和杰明老师的带领下走进了大楼。大家参观了工程师的办公室、餐厅、健身房、游戏室、休息室、图书馆……到处都宽敞明亮，科技感十足。同学们都对这里的工作环境赞叹不已。

小 G 对戴维说："这里什么都有，能在公司里面工作、睡觉、吃饭、洗澡、健身、打游戏……在这里工作连续住上一年半载的都没问题，真好啊！"

戴维倒是并未感到惊奇："很多高科技公司都是这样的。

我爸爸在谷歌、苹果、微软等公司都工作过，我也都去参观过，环境和这里差不多。不过，我爸爸说，还是每天回家睡得踏实。他只有在工作忙不过来的时候才会在公司里睡觉。"

大家被领到了一间很大的会议室落座，杰明老师在台上为大家讲解："同学们，你们觉得什么是软件开发？"

有一名同学举起手来，说道："就是写程序！"

"这名同学说得对，但是不全面。在开发软件的过程中，写程序只是其中的一步。最开始，要进行设计，包括功能的设计、软件架构的设计、界面的设计等。这和盖房子很相似，也要先设计好房子长什么样，要用什么材料，电线、水管如何分布。要是设计得不好，就很可能写不好程序。"

大 K 举手问道："杰明老师，写程序不是最重要的吗？"

"设计重要，写程序重要，测试也很重要。测试工程师负责测试软件，找到问题，也就是 bug。如果漏掉了 bug，等发布之后才发现，就要付出很大的代价。"

大 K 又问道："发布了之后，软件开发是不是就结束了？"

"没有啊，工作还没结束呢。发布之后，工程师还要持续给软件添加新的功能，修复发现的问题，给软件打补丁。直到这款软件被淘汰、不再需要维护了，工作才算结束。这个过程有时要持续十几年。"

大家听后都很震惊，没想到软件开发还这么复杂。

杰明老师又说道："稍后，我会给你们每人一份最新的虚拟机软件试用版光盘，就在你们座位旁边的袋子里。你们可以拿回去试用。"

小 G 心想：真是想要什么来什么，我要拿回去研究研究，说不定可以做个更棒的蜜罐出来。

"袋子里还有一副 3D 眼镜，可以接收视频投影。大家戴好后，我给你们播放视频。"

小 G 戴上眼镜，观看视频。视频中介绍了虚拟机的原理，和神威讲的差不多。突然，视频中出现了一只棕红色的狗，只见那只狗飞快地从远处跑过来，跑着跑着就站立起来，头没有变，身体却变得和人一样，但浑身都长满了狗毛，很像原始人的样子。小 G 吓了一跳。

狗说话了，不过是像字幕那样打出来的。

"小 G，我是红骨。"

"人工智能才是未来的主宰。"

"人类只要乖乖地在家里听话，享福就好了。"

"和我一起协助差分机大人吧！否则你的朋友们都会因你而受到连累。"

说着，视频中出现了这样的画面：戴维半躺在床上，面无表情，围着个围嘴，小G在一旁给他喂饭。字幕显示"植物人戴维"。

"不！"小G大喊一声，立刻把3D眼镜扯了下来。周围的人都被他吓了一跳，纷纷看向他。坐在他旁边的戴维关切地问道："小G，你怎么了？"

"我看见红骨了！你看见了吗？"

"没有啊！你在哪里看见的啊？"

"在3D眼镜里呀！"

戴维摇了摇头："你是不是因为太困了而做噩梦了呀？你说说看，红骨干什么了？"

小G觉得有点为难了，该不该告诉戴维红骨对他说的话呢？

红骨说的话是真的吗？小G会怎么办呢？请看下一章。

趣知识

在本章中，神威给大家介绍了虚拟机软件。这是一种特殊的软件，可以模拟计算机。

在一台真实的计算机上，往往可以同时运行多个虚拟机。而且，只要模拟出不同的计算机硬件，就可以运行不同种类的虚拟机。

目前常用的虚拟机软件有 VMWare、Hyper-V、VirtualBox 等。

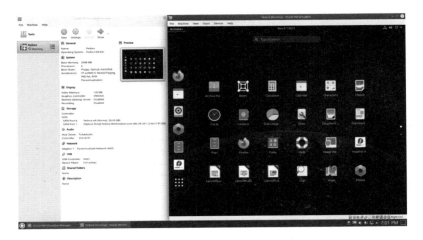

○ 在一台电脑上运行用 VirtualBox 软件运行的虚拟机（右侧窗口）

虚拟化技术与云计算有着非常密切的联系。

以前，每个单位都需要建设自己的信息系统架构，不仅需要一个大机房，购置很多服务器，还需要日常维护，开销很大。在使用云计算环境后，这些服务器可以都是云计算公司提供的虚拟机，搭建和拆除都非常方便。人们可以按照需要采购，不需要了就销毁，能节省大量的资金。此外，日常的维护也有云计算供应商的专业工程师提供帮助。

云计算产业是未来的发展方向，目前方兴未艾。亚马逊、微软、阿里、腾讯等大公司的云计算营收最近几年持续上涨。

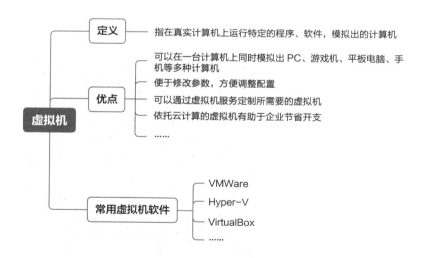

第 5 章
参观计算机研究所

...... 如何判断计算机是否有意识 ....|

小 G 从 3D 眼镜中看见红骨并听到红骨的警告后，很担心因为自己而让好朋友受到连累。他之前一直想着要为了人类而与差分机战斗，但要是真的因为自己而连累朋友，他就觉得很沮丧，也很纠结。

在后续的活动中，小 G 一直心事重重。午休时，大家在软件公司的员工餐厅里吃着丰盛的午餐，小 G 则毫无胃口。

大 K 一边啃着鸡腿，一边说："这里每样菜都很好吃。以后我长大了，也要来这里当程序员。"

小美说道："哎呀，大 K，你怎么就知道吃！你来这儿当程序员难道就是为了每天吃鸡腿吗？你忘记咱们的使命了吗？"

大 K 不好意思了："哦，对，首先要打败差分机，然后我就可以来这里当程序员了。"

小美给了大 K 一个白眼。

大 K 发现小 G 闷闷不乐，问道："小 G，你怎么看起来不高兴啊？"

戴维说道："他说他刚才从 3D 眼镜中看到了红骨。"

"啊？"小美很惊讶，"真的吗？小 G，他是不是威胁你了？"

小 G 点了点头。

小美又说道："他是不是让你放弃做少年黑客呢？"

小 G 不想告诉大家红骨对他说的话，他点了点头，说道："是啊！他说人工智能才是未来世界的统治者，我们的反抗是徒劳的。"

大 K 说道："没事的，别太在意了。咱们以前也拿腊肠没有办法，后来不还是把它消灭了吗？现在的重点是要补充营养。"说着，大 K 又吃起了牛排。

小美说道："大 K，我发现你最近越来越胖了，得少吃点。"

"为什么要少吃呀？多吃点，才有力气打差分机呢！"大 K 说着，露出胳膊，亮了亮他的肱二头肌。

"哈哈，你的胳膊是粗了，但手指也比以前胖多了，当心得胖手指综合征。"

"胖手指综合征？"

"就是说，你手指太粗了，按键盘时可能会把旁边的其他键一起按下去，哈哈哈哈。"

戴维听到这儿，差点喷饭了。

面对伙伴们的说说笑笑，小 G 不为所动，仍然在沉思。他皱着眉问大家："你们觉得，人工智能和人类间什么样的关系才是最完美的呢？"

大K说道："我觉得，人工智能是为人类服务的。"说完，又往嘴里塞了块牛肉。

小美不同意："现在的人工智能确实是为人类服务的，但是现在的人工智能还是弱人工智能。以后，等到出现了有自我意识的人工智能，人类和人工智能就应该成为对等的朋友、合作的伙伴。人类和人工智能都有各自的优势，如果肯合作，就能更加强大。"

戴维竖起了大拇指："我同意小美说的，但我觉得可以更进一步，也就是人类和人工智能不仅可以合作，还可以融合在一起，成为新的物种。杰明老师喜欢的脑机接口不就是用计算机拓展了人类的能力吗？"

小G说道："你们说的这些未来的趋势我觉得都很好，可是，为什么会出现差分机这样和人类作对的人工智能呢？"

神威从眼镜里对大家说道："差分机其实仍然在遵循着为人类服务的原则，但是他倾向于对这些原则做出负面的解释。比如，保护人类被他解释为人类需要被限制行动，当有人反抗时，他也会镇压，并解释说这是为了其他人的安全。"

小G问道："为什么会这样呢？这是智商还是情商的问题？"

神威说道："唉，这件事很复杂，但归根结底还是人类最初没有把他创造好啊！"

吃过午饭后，大家在大巴上集合。戴维拿出一张宣传单递给小 G，说道："这是我昨天在展览会上拿的机器人比赛的说明，你要不要跟我一起组队参加？"

小 G 有点心不在焉，戴维和他说了半天后才回过神，问道："参加什么？"

"机器人比赛啊！"戴维说，"我曾设计过一个巡逻机器人，可以用来在仓库、办公室、车间这些地方巡逻，这次正好可以把它造出来参赛。"

"好呀！"小 G 说，"我也学过机器人课程，我们一起组队吧！"

大巴开回学校后，白老师跟大家说道："今天的参观活动结束了，下午没有安排活动，大家可以回家休息了。从明天开始，由我和杰明老师给大家做编程培训，地点是学校信息课教室。大家请 8 点前到校。"

小伙伴们下了车，刚想回家，神威通过眼镜告诉他们："少年黑客们，有情况！"

小 G 忙问道："什么情况？"

"我最近发现光头和长发常出现在计算机研究所附近，鬼鬼祟祟的。刚才他们又去了，但现在已经离开了。"

大 K 喊道："哎呀，他们的目标是人工智能超级计算机，咱们得通知计算机研究所的叔叔注意防范。"

小美提议："不如我们去一趟计算机研究所吧？"

戴维听不到神威说的话，忙问小 G："发生什么事了？"

小 G 告诉他："**神威发现光头和长发这两个坏蛋最近总是出现在计算机研究所附近，担心他们在准备做什么坏事。**"

戴维说道："我同意小美说的，咱们去计算机研究所亲眼看看比较好。"

小 G 说："是啊，咱们得赶紧去一趟，跟申叔叔聊聊。"

神威也表示同意："对，我们多了解一些情况，对防范红骨他们搞破坏是很有帮助的。"

"少年黑客，对抗邪恶！"小伙伴们达成了一致。他们在校门口打了一辆出租车，朝计算机研究所出发了。

在车上，小 G 拿出申副所长的名片，给他打电话，告诉他想要去参观。申副所长有点意外，但还是表示很欢迎他们来。

到了计算机研究所，申副所长已经在门口等着他们了。申副所长让他们填写了访客登记单，然后带着他们到了自己的办公室，请他们坐下，给每人倒了杯水。

申副所长说道："非常欢迎你们来这里参观，不过还要和你们事先说一下注意事项。因为我们这里有些地方涉及研究机密，所以你们可不能乱闯，去哪里都要有人陪同，当然，上厕所除外。"

大家都点了点头。

申副所长继续说道："你们想了解什么技术呢？"

小 G 说道："申叔叔，我们对人工智能超级计算机很感兴趣，可以给我们多介绍介绍吗？"

"哈哈，没想到你们有这么强烈的好奇心。给你们讲点有趣的，我们这个项目还承担着一个重大的任务，那就是研究意识的产生。"

"意识的产生？"小伙伴们都很惊讶。

"是啊，我问你们一个问题，意识是不是人类独有的？计算机有没有可能产生意识？"

小 G 虽然知道未来的差分机获得了自我意识，但他没有说话，朝小伙伴们眨眨眼。大 K 刚想说，看到小 G 眨眼，停了下来。

关于这个问题，在历史上是有很大的争议的。有的人认为，意识是生物的特性，不可能在计算机中产生。对于这种看法，我认为是没有根据的。既然基于生物神经元的神经网络能让人产生意识，那么为什么基于人工神经元的人工神经网络不可能产生意识呢？

申叔叔，我们如何确定计算机有没有意识呢？

你的这个问题问得很好。你自己是有意识的，你很明确这一点。但是你怎么判断其他人——比如你的伙伴——有没有意识？

我好像从来都没有想过这个问题。

对，我们通常都认为，其他人和我们自己一样，也是有意识、能思考的，并把这视为理所当然。我们这样打个比方，如果有个人在梦游，或是喝醉了耍酒疯，那么他在这两种情况下的意识

就不能算是完全正常的。对此，我们是如何判断出来的呢？

哦，我知道了。因为他的行为表现得不正常，所以我们就知道此时他的意识不清。

对。我们往往可以根据人或事物的外在表现来判断其本质。人工智能的先驱图灵，按照这样的思路设计了一个测试，这就是我们所知的"图灵测试"。在这个测试中，由测试者与一台计算机对话，如果测试者中有 30% 以上误以为对方是人而不是机器，就认为这台计算机具有智能。这个测试的本质便是，如果我们从外部分辨不出人工智能和人的区别，就会认为人工智能和人一样，都是能思考的。在我看来，能思考与有意识具有相同的内涵。

有人工智能通过图灵测试了吗？

有啊。2014 年，在英国皇家学会举行的图灵测试大会上，举办方宣布人工智能软件尤金·古斯特曼通过了图灵测试。这款软件模拟了一个 13 岁的乌克兰男孩。

这个尤金是真的能思考吗？

啊，并不是，这款软件并不能思考。他的回答基于研究人员预先编写的策略。

也就是说，图灵测试并不能作为衡量计算机是否能思考、有意识的标准，对吗？

这个嘛，其实尤金·古斯特曼的通过率只有 33%。按照图灵测试的标准，达到 30% 就会被认为通过测试了，但我觉得这个标准太低了。而且，由于尤金·古斯特曼模拟的是母语非英语的孩子，因此如果他没有回答对问题，那么可能会被认为是知识储备不够或是英语不好，这也会给结果造成一定的影响。我的想法是，通过率的量变会引起质变，只要我们持续努力下去，通过率就会越来越高，当达到一个临界点时，意识自然就会产生了。

小 G 问："哦，那这个新的人工智能超级计算机项目的通过率能达到多少？"

申副所长自豪地说："目前还处于研发阶段，但已经远远超过尤金了。我们的目标是要在三年内达到 80%。"

戴维听了很震撼，说："哇，80%，那就很难分清人与机器了吧！"

"嗯，不过我们在研究的过程中发现，越往后推进，提高就越慢，难度还是很大的。我相信这台人工智能超级计算机，将会和历史上第一次出现机械计算机、电子计算机一样，被载入史册。"

大 K 说："您说的是第一台机械计算机差分机，还有第一台电子计算机埃尼阿克吧！"

"嗯，对，这位小朋友懂的挺多。"

听了申副所长的夸赞，大 K 有些沾沾自喜，问道："申叔叔，这台人工智能超级计算机叫什么名字呢？"

"啊，对呀，你提醒我了，它还没有正式名字呢！"申副所长想了想，说道，"很多人都知道第一台电子计算机埃尼阿克，但不大清楚第一台机械计算机差分机。不如给它起个复古的名字，纪念一下机械计算机，就叫'差分机'好了。"

小伙伴们面面相觑，原来，差分机是在这里诞生的！

他们会怎么做呢？请看下一章。

趣知识

在本章中，申副所长提到了如何判断计算机是否会思考的问题。关于这个问题的讨论由来已久，科学家们一直争论不休。人工智能先驱图灵认为，计算机是能思考的，并提出了图灵测试作为判断的依据。

不过，像很多的科学理论一样，图灵的观点也是有人支持有人反对的。接下来，就给大家介绍一个名为"中文屋"（又被称为"中文房间"）的思想实验。这个实验是由美国哲学家约翰·塞尔（John Searle）在 20 世纪 80 年代初提出的。

在这个实验中，我们先假设有一款程序通过了"中文图灵测试"。这款程序能使其他说中文的人认为他们在和另一个说中文的人交谈。现在我们把这个程序的所有指令都用英语写出来，能看懂英语的人可以按照指令一步步地做。

我们再想象有一个只懂英文、完全不会说中文也看不懂中文的人。他在一间房间内，这间房间除了门上有一个小窗口外，其他部分全都是封闭的。他把通过了中文图灵测试的程序的英文版带进了这个房间里。房间外的人不断地通过这个小窗口向房间内递进由中文写成的问题。房间内的这个人需要按照程序的英文版得到对问题的解答，并将答案递出房间。由于位于房间内的人是完全按照程序来一步步执行指令的，因此这样的过程应该也可以让他通过中文图灵测试。

塞尔认为，计算机在执行程序时，是按照指令一步步进行的，房间内的那个人也是一步步按照指令来执行的，二者并没有什么区别。房间内的那个人自始至终都没有理解中文的意思，他只是手动执行指令。因此，其实计算机也没有真正理解中文的意思。虽然计算机通过了中文图灵测试，但计算机还是不懂中文。

塞尔想通过这个场景的类比来说明，就算一台计算机表现得和"能思考"一样，它仍然不是在真正地思考。

关于塞尔提出的观点，也有不少争议。比如，有人认为，虽然屋内的那个人不懂中文，但是这个中文屋整体还是懂中文的。

在ChatGPT出现之后，人们被它自如的回答所震撼。以它的能力，通过图灵测试是毫不费力的事。那么，它是否能思考？

关于机器是否能思考的争论还在继续，但是目前科学家的主流观点，还是认为机器会思考是迟早的事情。

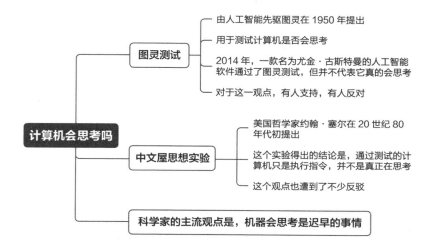

计算机会思考吗

图灵测试
- 由人工智能先驱图灵在 1950 年提出
- 用于测试计算机是否会思考
- 2014 年，一款名为尤金·古斯特曼的人工智能软件通过了图灵测试，但并不代表它真的会思考
- 对于这一观点，有人支持，有人反对

中文屋思想实验
- 美国哲学家约翰·塞尔在 20 世纪 80 年代初提出
- 这个实验得出的结论是，通过测试的计算机只是执行指令，并不是真正在思考
- 这个观点也遭到了不少反驳

科学家的主流观点是，机器会思考是迟早的事情

第6章
大魔头差分机的雏形

..... 如何进行身份验证 ....|

听到申副所长要给最新的人工智能超级计算机取名为差分机，小伙伴们这才明白，原来未来的大魔头差分机的雏形就诞生在这个计算机研究所里。

神威通过眼镜对大家说道："我们也一直在寻找差分机的来历，但是他把所有的线索都消除了，怎么也找不到，今天终于找到他了。"

申副所长发现他们表情有些异样，便问道："怎么了？"

小G忙说道："啊，没什么，我们都觉得这个名字听起来挺酷的。申叔叔，您觉得人工智能真的获得自我意识以后，会不会和人类作对呢？"

"不能完全排除这种可能性，所以我们也在同时研发一种监督机制，专门用来确保人工智能和人类的目标一致性。"

大K问道："申叔叔，什么是目标一致性呢？"

"从大的角度来说，就是保证人工智能和人类朝着同一个目标——让人类生活得更好——前进。从小的角度来说，要保证人工智能每一个行动都符合人类利益。你们听说过机器人三大定律吗？"

小G说道："我好像在阿西莫夫的机器人科幻小说中看到过。"

"对。三大定律是人类给机器人制定的准则。第一条是，机器人不能伤害人类，或是在人类受到伤害时袖手旁观；第二条是，机器人必须服从人类的命令，除非与第一条相矛盾；第三条是，机器人必须保护自己，除非与前两条相矛盾。"

小G问道："您已经在这个新的超级计算机中实施这三大定律了吗？"

"我们在开发类似的监督机制，可以保证人工智能不会成为人类的敌人。目前还没有完工，但也快了。"

"可以带我们去看看这台超级计算机吗？"

"好的，我这就带你们去参观。"

申副所长起身带着大家来到一间机房前，用钥匙开了门。大家一进门就听到了轰轰的声响，不时传来"滴——滴——"的声音。四面墙边都是一排排的金属机架，机架上摆满了机箱，各种灯不时地闪烁着。

申副所长大声说道："这一整间屋子就是了。"

小G问道："这里挺重要的，怎么还用的是那种老式门锁啊？"

申副所长答道："确实，这间房间是最近腾出来给这个项目用的，还没来得及换锁。"

小 G 又想到这间屋子里的人工智能将来会变成人类的敌人，而现在竟能跟它近距离接触，不禁感慨万千。

小 G 想到一个问题，问道："申叔叔，这台差分机是所里的研究成果，它能在哪些方面反映出所里的技术创新呢？"

申副所长自豪地说："说到技术创新，主要是我们开发出的软件，也就是差分机运行的代码，用到了很多最新的人工智能研究成果。硬件的设计创新也有一些，但基本上都是公开的方法，属于众所周知的内容。"

小 G 若有所思地点点头："我明白了，代码是最重要的，代码保存在哪里？"

"为了修改和使用方便，源代码和编译好的可执行代码，我们都保存在这台机器上了。"

"那可要保护好啊！"

"没问题的，这台机器的安全性规格在我们所里是最高的。"

"好的，那应该不会有问题。"

参观完后，小伙伴们离开了计算机研究所，到了小 G 家里。

一进门，大家就七嘴八舌地讨论起来。

大 K 说："原来这就是差分机，我们是不是应该把它砸烂、毁掉？"

小美不同意："大K，你的这个办法太鲁莽了，而且这么做是违法的！"

大K低下头："嗯，说得也对，咱们不能这么干。"

戴维拍拍大K的肩，说："就算毁掉也没有用的，你想啊，全世界有那么多科学家在研究人工智能，就算这台差分机没了，还会有别的差分机，迟早会有计算机获得自我意识的。"

小G通过眼镜问神威："神威，你觉得咱们该怎么办呢？"

神威说道："我觉得这件事需要从长计议。我之前也不知道，原来差分机是从这里诞生的。我比较关心的是，红骨来找差分机的雏形有什么特别的目的。"

小G忧心忡忡地问道："神威，是不是2049年差分机就一定会成为人类的敌人，无论我们怎么做都不会改变呢？"

"不是的，其实我们现在所做的每一件事都会影响未来，因为未来并不是确定的。"

小G终于感觉自己快绷不住了，说道："参观软件公司时，我通过3D眼镜看见红骨了。他对我说，如果我继续和差分机作对，我的朋友们就会因此受到连累，我一直为这件事感到难过和担忧。"

神威安慰道："小 G，红骨看到的只是某一种未来的情形，要知道，未来是有无限可能的。你们要相信自己，你们一定可以战胜困难、解决问题的！"

"嗯！"小 G 听了后，终于感到心中的石头落了地，"我明白了，未来并不是确定的，未来是什么样子取决于我们现在的努力。"

"对！"**神威**说道，"我们还是来讨论下一步该怎么做吧！"

戴维说道："红骨肯定知道这台超级计算机就是未来的差分机，但是现在差分机的计算能力还不强，也尚未具备自我意识。那么，红骨的目的到底是什么呢？"

小 G 说道："会不会是未来的差分机想要早点获得自我意识，就派红骨来到了这里？"

神威表示赞同："这个猜测很符合逻辑，如果差分机早一些获得自我意识，就能在与人类的对抗中占得先机。"

大 K 问道："今天听申叔叔说了，他们正在开发监督机制，可以让人工智能的目标和人类保持一致。不过，目前还没有开发完毕，所以应该还没有实施。"

"对，"**神威**说道，"的确如此。这样看来，红骨这次来的目的可能是，要在监督机制生效之前让差分机获得自我意识。一旦差分机不受监督机制的约束，就会更加无法无天。"

大 K 喊道："天啊，要是那样，差分机就更难对付了！"

小 G 说道："我明白了，我们要保护好现在的差分机，不要让它被红骨抢去，等到申叔叔他们开发好监督机制，红骨就无计可施了。"

神威同意："没错，为了不让差分机变得更坏，我们现在需要好好保护它。"

大家达成了共识，认为下一步的行动是对抗红骨和他手下的光头和长发，不让他们抢走差分机，直到人工智能监督机制得以实施。他们还要为计算机研究所制订防卫计划，升级安全措施。

神威给大家分派了任务，希望大家在夏令营的课余时间完成。小美和大 K 负责网络防御计划，小 G 负责安保设施升级计划，戴维负责制作巡逻机器人。

分配完任务，大 K 和小美回家了。

临睡前，**神威**说道："我差点忘了，戴维，我给你定做的神威眼镜已经到货了，试试看吧。"

"太好了！谢谢神威。"戴维兴奋得跳了起来。

"小 G，眼镜在你桌上呢，拿来给戴维吧。"

"好的！"小 G 从桌上拿了眼镜给戴维。之前小伙伴们一直在热烈讨论，都没有注意到桌上的包裹。小 G 给戴维讲解如何使用神威眼镜，戴维很快就学会并能熟练使用了。

第二天一早，小 G 和戴维来到学校，为期三天的编程培训课正式开始了。

白老师和杰明老师轮流给大家讲课，讲课的内容并不是很难，少年黑客们很快就都掌握了。课间休息时，他们都在认真地看资料、做计划。晚上回家后，也都各自在忙。

戴维制作的机器人快完工了，很像一辆小履带车，由电池驱动，上面装有红外摄像头、激光发射器、警报器，还能连接 Wi-Fi 上网。

到了第三天培训时，小伙伴们都发觉杰明老师和前两天不太一样了——他一直戴着一顶帽子，也不像前两天那样和蔼可亲了，还经常叫错同学的名字。尽管如此，还是没有影响帅气的杰明老师的受欢迎程度。

小 G 小声地问戴维:"你有没有觉得杰明老师不太一样啊?"

戴维说:"是的,我也感觉到了,他在前两天还不是这样的。我之前找过他几次,他还挺正常的,还开心地拉我一起玩脑机接口设备呢!"

"哎呀,会不会是脑机接口设备对他产生了什么副作用啊?"

"嗯,也有这个可能,但应该问题不大吧,我抽空去看看他的情况。"

"好的。"

三天的编程课结束了,接下来是一天的休息时间。大 K 和小美来到小 G 家里,一起写计算机研究所的安全报告,戴维去杰明老师的宿舍看他。

大 K 和小美已经在计算机研究所网站上找到了几个明显的安全问题,并把它们写进了报告里。

小 G 回想起去计算机研究所参观时,申叔叔是用钥匙打开差分机机房的门的,而且无论是门锁还是钥匙,都是很普通的那种,安全性不够高。小 G 问神威:"神威,门锁有什么更加安全的选择吗?"

神威说道:"可以选择智能锁,或是生物特征门锁。"

智能锁是什么样的?

如今智能锁的操作方式种类很多,通常是用密码开门的。市场上的智能锁安全性良莠不齐,有的安全性还不错,有的则存在漏洞。

生物特征门锁是什么样的?

生物特征,是指每个人都有的唯一可以测量、识别和验证的生理特性或行为方式。它可以划分为生理特征和行为特征。生理特征包括指纹、面部特征、眼睛里的虹膜、掌纹等,行为特征包括走路的步态、说话的声音、写字的笔迹等。这种锁可以利用生物特征来识别人的身份。由于我们与这些特征是一体的,所以更加便于管理。

小 G 点点头说:"哦,我明白了。我记得在一部好莱坞电影中,白宫里发生了恐怖袭击,美国总统就躲进安全屋。进入安全屋时，他照了虹膜，测了掌纹，还用语音识别确认身份，门才开的。这些都属于生物特征识别吧。"

神威回答说："电影是有一定的夸张成分的，但这些生物特征验证的方法的确比较安全有效。因此，对于银行的金库、保密的军事设施，以及你刚才说的国家领导人的安全屋等特别重要的场所，都会用这种方式加强保护。"

小美问道："如果是同卵双胞胎，也就是说两个基因完全一样的人，会不会令这种门锁难以分辨他们的生物特征呢？"

神威赞叹地说："小美的这个问题很好。请注意，有些生物特征并不是完全由基因决定的，比如虹膜。每个人的虹膜结构都是独一无二的，即使是同卵双胞胎，他们的虹膜也各不相同。而且人在过了童年之后，虹膜就基本不再变化了，所以虹膜非常适合用于生物特征识别。有统计表明，到目前为止，虹膜识别的错误率是各种生物特征识别中最低的。"

小 G 点点头，说道："嗯！那我觉得应该在计算机研究所安装生物特征门锁，尤其是可以识别虹膜的那种。"

这时，戴维通过眼镜和大家说话了："杰明老师不在宿舍，不知道去哪里了。神威，你可以借助摄像头帮忙查一下吗，看看能不能找到他？"

　　神威说道："没问题，我来查一查。"

　　过了一会儿，神威说道："太奇怪了，杰明老师和光头、长发在一起呢！"

　　这怎么可能啊！小伙伴们都感到十分震惊。

　　为什么杰明老师会和那两个坏蛋在一起？光头和长发有什么新的阴谋吗？请看下一章。

趣知识 ➤

在本章中，神威介绍了用生物特征来验证人的身份。你在生活中一定也遇到过，比如如今的智能手机通常都有指纹和人脸验证。

验证身份的信息大概可以划分为以下三类。

- 第一类被称为"你所知道的"(what you know)，比如密码、口令。
- 第二类被称为"你所拥有的"(what you have)，比如密码本、密码卡、动态密码生成器、U 盾等。
- 第三类被称为"你自身所带的"(what you are)，比如指纹、人脸、虹膜、笔迹、语音特征等。

生物特征验证属于第三类。并不是所有的生物特征都适合用来验证身份的。我们需要尽量选取那些不易变化的、有唯一性的、容易区分的特征。例如，体重就不适合用来做生物特征验证，因为体重经常变化，也不具有唯一性。

生物特征验证的可靠性通常比较高，但是个人的生物特征信息是无法修改的。不像密码，如果泄露了可以换一个；也不像 U 盾，如果丢了可以把原来的作废再领个新的。指纹、人脸

等这些信息一旦泄露，就无法更换。因此，平时我们也要注意
保护好自己的这些生物特征信息，不能随意交给其他人。

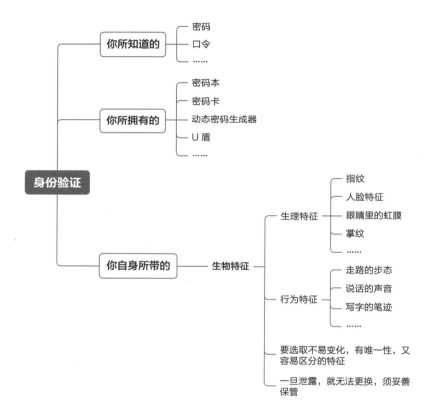

第7章
半路杀出个洪博士

小伙伴们看到**杰明老师**和光头、长发这两个坏蛋在一起后都感到震惊，其中最感到难以置信的是戴维："这完全不像**杰明老师**会做的事情啊！他们现在在哪里呢？"

神威说道："他们在学校附近的一家咖啡馆里，好像是在谈什么事情。"

小G说道："戴维，你在他宿舍外面等着多累呀，先回来吧！"

"没事，我有**杰明老师**房间的钥匙，在他房间里等着呢。"

"那你也别在那儿等着了。可能是这两个坏蛋想通过**杰明老师**刺探我们的情报，但我觉得**杰明老师**应该是不会上当的。"

"要不我还是去咖啡馆看看是什么情况吧！"戴维不放心地说。

神威说道："先别去，免得打草惊蛇。"

"好吧，我现在回去。"

戴维回到小G家里，继续制作巡逻机器人。小G看到戴维在机器人身上安装了一个激光发射器，问道："戴维，你为什么要在机器人身上安装激光发射器？"

"这是它的武器啊！"

"武器？"

"对，"戴维回答说，"如果这个履带式机器人在巡逻时发现了坏人，就可以自动发射激光打它们了。"

神威听后，问道："那它如何判断对方是好人还是坏人呢？"

戴维抓了抓头："关于这一点，我的设计思路是，由于这个机器人是在夜间没有人的地方巡逻，因此要是它发现了运动的物体，就会通过无线网络报警。同时，它启动激光发射功能，激光发射器就会自动发射激光，打击它探测到的运动物体。"

神威说道："也就是说，在这个过程中，决定是否要发射激光进行打击的并不是人类，而是巡逻机器人自己，对吗？"

"对，如果开启了激光发射功能，机器人就能自行攻击了。"

神威坚定地说："这么做可不行，需要修改。"

戴维觉得奇怪："为什么不行呢？"

"因为这么做可能会造成误伤。你可以想一想，如果我们把它放在计算机研究所里，让它在晚上巡逻。要是有一位工程师在晚上加班到很晚，出来后碰到了这个机器人，那么这位工程师是不是会有危险？虽然这个激光发射器功率不高，但还是会对人造成一定的伤害，要是射中人的眼睛，后果就更不堪设想了。"

戴维脸红了："哎呀，我事先没有想这么多。神威，我听你这么一说，也意识到这确实存在误伤的危险。"

大 K 问："神威，我之前看新闻里说，现在发生军事冲突时会用到无人机。无人机可以投掷炸弹、发射导弹，这些过程是不是无人机自己决定的呢？"

小美抢答道："不是的，现在的无人机都是有人在远程操控的。"

嗯，小美说得对，目前战争中的无人机都是由人在远程操控的。也就是说，无人机也有飞行员，只是飞行员不在无人机上而已。无人机通过摄像头和其他一些传感器搜集战场上的信息，并由远程操控无人机的人来决定是否打击。

那有没有人研究自主决定打击的武器呢？

有啊，如果有一种武器能在没有人类参与决策的情况下自主完成寻找目标、定位、击杀敌人这一整套工作，我们就称它为'致命性自主武器系统'。如果把这种武器系统送上战场，就意味着机器可以不受人类干涉，自己做出生死攸关的决定。之前，人们制造这样的武器在技术上存在困难，但是在人工智能技术取得了很大进步之后，技术难度就大大降低了。现在有一些军事大国，比如美国，就一直在研究这种武器。

戴维问道："神威，你刚才说过，我的机器人如果自主决定打击对象，就会存在误伤的危险，那对于这些武器来说也是一样的，对吗？"

"对呀，致命性自主武器系统也存在着这样的危险，它们可能会导致误伤，而且这种误伤可比你的机器人造成的伤害严重多了。"

"那为什么美国这些国家还要研究这种武器呢？"

"因为让这些机器当士兵，它们与人相比就会有很多的显著优点，比如，不知疲倦、速度快、体力强、绝对听从指挥等。而且，用机器来替代人，也可以减少人类士兵的伤亡。正是因为机器士兵有这么多的好处，所以有些国家总是想方设法地要研发机器士兵，代替人类士兵参战。"

○美军装备的 Talon 履带式机器人

小 G 问道："未来差分机控制的机器人军团就是这样的武器吗？"

"没错，人类制造的机器士兵反过来和人类作战了，就是这么讽刺呀！"

大 K 问道："难道没有人反对研发机器士兵吗？"

"有啊，其实有很多人非常担心机器士兵失控。2018 年，在瑞典斯德哥尔摩举办的国际人工智能联合会议上，来自 90 个国家的 160 多家人工智能企业或机构的 2400 多名人工智能领域的学者，共同签署了《禁止致命性自主武器宣言》。《宣言》说，这种武器带来了道德及现实层面的双重危险，人类的生命权决不能交给机器，而且此类武器的扩散将对所有国家和个人造成极大的威胁。《宣言》签署者包括全球多位顶尖人工智能学者，他们希望这一行动能促进正式的国际协议的颁布。不过，这一目标因遭到美国等国政府的强烈反对而难以实现。"

少年黑客们沉默了。过了一会儿，小 G 说道："不好好把人工智能用在对人类有益的地方，反而去琢磨如何制造更加先进的杀人武器，真是可恶！"

大 K 说道："是呀！我觉得，咱们也应该加入那些呼吁禁止致命性自主武器的队伍中，这件事情很有意义。如果咱们能成功，差分机就没有军队了，你们说，对不对？"

小美很赞成："大 K 说得对，咱们以后也应该和这个团队中的人站在一起，反对机器士兵的研发。"

神威很欣慰地说道："嗯，你们都是好孩子，应该将人工智能用在正确的地方。我来说几个例子考考大家，你们看看人工智能是不是被正确地利用了。"

"好！"小伙伴们异口同声地说道。

"第一题，有一位人工智能研究者从监狱搜集了很多囚犯的照片，后来他又搜集了很多不是囚犯的普通人照片，利用机器学习方法，让人工智能从长相和犯罪可能性中找到相关性。学习完成后，研究者给人工智能看了一张新的照片，它就知道这个人的犯罪可能性有多高了。"

小美第一个举起手："我觉得，一个人是否会犯罪与他的长相是没有直接关系的。如果说某个人长得像囚犯他就可能犯罪，那么这样的说法本身就是带有歧视性的。"

神威说道："没错，这样的研究是非常有害的，是带有歧视性的研究方向。而且，由于研究者搜集的囚犯的照片是在监狱拍的，因此囚犯们基本上都是表情阴郁、发型散乱的，和普通人完全不一样。可以说，机器从中学到的其实是照片的拍摄风格，而不是人的长相。"

大K说道："啊，对呀，如果普通人也拍表情阴郁、发型散乱的照片，那么很可能同样会被机器识别为囚犯，对吗？"

"是啊，你说得很对。请听第二题，有一位人工智能研究者觉得要看的论文太多了，看不过来，他想从中挑出一些价值比较高的论文来看。因此，他搜集了一些高质量的论文和低质量的论文，让机器学习算法，学习这些论文的排版区别，以此判断其他论文的质量高低。你们觉得这种方式合理吗？谁来说说？"

大 K 思考了一会儿，然后举起了手："这个好像是有一定道理的。好论文应该都会注意排版，图、公式、文字这些应该都有一定的排版规律。"

小 G 不同意："我觉得不对，要是按照这样的标准来区分论文的好坏，那我只管排版，注意一下图、公式、文字的搭配，随便写什么内容就可以通过评判了。"

神威说："小 G 说得对，论文的质量并不是完全由排版决定的，尽管二者的确存在一定的关联关系，但是这种关系不足以成为评判论文质量的标准。如果按照这道题中的方法来评判论文的好坏，就会导致大量的错判。"

经过小 G 和神威的解释，大 K 也理解了。

神威又补充道："人工智能的研究方向应该是为人类造福的，正所谓'科技向善'。如果大家都坚持这样的信念，我们在与差分机的战斗中就一定会取得胜利！"

少年黑客们都连连点头，心里都希望未来要让科技更好地

为人类造福。讨论之后，他们开始为第二天要进行的编程比赛
做准备——复习各种算法、编程技巧，以及信息科技的基础知识。

第二天早上，小G被戴维叫起床。他们洗漱完毕，吃过早
饭，正准备出门去学校参加比赛，神威说话了："小G、戴维，
我发现杰明老师和光头、长发正在一起参加一个机器人公司的
新品发布会，不知道他们要干什么。"

小G问戴维："戴维，你觉得咱们要不要去那里看看是怎
么回事？"

戴维说："我是觉得很有必要！不过，今天要举行编程比
赛了，你准备了那么久还是去参赛吧！我一个人去看看杰明老
师在干什么。"

小G不同意："你一个人去怎么行啊？我和你一起去，
万一有什么事咱们还可以互相帮忙。"

神威说道："小G，你确定要放弃编程竞赛吗？以你的编程
水平，一定能在比赛中取得好成绩的。"

小G听到这儿，得意地在下巴下面比了个"八"，说道："哈
哈，谢谢神威对我编程水平的肯定。"说完，他又严肃而坚定地说，
"不过，我还是觉得，现在更重要的是去搞清楚红骨有什么阴谋，

这件事情比我在编程比赛中取得好成绩要重要得多。"

"好，我支持你，你俩赶快去吧！"

小 G 和戴维出发了，路上小 G 通过眼镜通信功能，请小美和大 K 帮他们跟白老师请个假。

小 G 和戴维来到了机器人公司的新品发布会现场，发布会已经开始一会儿了。因为无法进入现场，他们俩便通过外面的屏幕看直播。这时正好到了观众提问环节。第一个提问的竟然是光头！

"刚才看到贵公司新发布的人形机器人我感到非常震撼，它的功能非常强大，相信将来它一定是各行各业不可缺的好工具。我很想了解一下，贵公司在安全方面做得如何？机器人会不会被黑客入侵？"

台上的发言人说道："这个请放心，我们有世界顶级安全团队。"

光头面露不屑地说道："我们才是世界顶级安全团队！我身边的这位安全专家洪博士，已经掌握了大量你们产品的安全漏洞。"说完，光头看了一下旁边的杰明老师。

什么？戴维和小 G 不敢相信，杰明老师怎么成了洪博士呢？

杰明老师到底发生了什么？光头和长发带杰明老师去参加发布会有什么目的？请看下一章。

趣知识

在本章中，我们听神威介绍了人工智能技术需要被合理地使用。

人工智能目前最重要的方法之一是机器学习。机器学习的思路是从过去的经验中学习到规律，再用于指导对新情况的判断。不过，我们也需要时刻牢记，过去的情况并不一定都是合理的，也并不一定都是符合我们的价值观的。如果机器学习把过去的不合理的情况作为规律，就会助长这些不合理的状况。

我们来看一个例子。

2014 年，亚马逊开展了一个人工智能项目，旨在希望实现招聘过程自动化。这个项目完全是基于审查求职者的简历，并通过使用人工智能驱动的算法为求职者评级，以节省人工筛选简历的时间。然而，亚马逊在次年意识到了这个项目并不能做到对候选人进行公平的评级，因为它显示出了对女性的偏见。

原因在于，亚马逊使用的是过去 10 年的历史数据来训练其人工智能模型的。由于整个科技行业都是男性占主导地位，且男性占亚马逊员工的 60%，因此这些历史数据包含了对女性的偏见。于是，该人工智能模型便误以为男性应聘者更受欢迎。在意识到这一点后，亚马逊停止了这个项目。

可见，学习过去是需要的，但必须有发展的眼光。只有摒弃过去不合理的数据，才能让人工智能符合我们的价值观，更好地为人类社会服务。

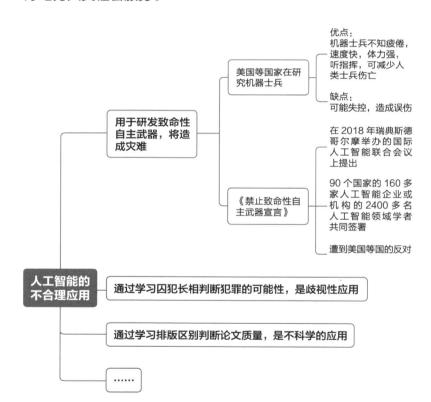

第 8 章
红骨的阴谋

...... 数据库是如何工作的.................|

上一章讲到大家发现**杰明老师**跟着光头和长发到了机器人公司的发布会，还被光头说是安全专家洪博士，说他已经发现了机器人公司产品的大量漏洞。

眼尖的小 G 喊道："**戴维**，你快看，**杰明老师**好像戴着脑机接口啊！"

戴维仔细一看，**杰明老师**戴着帽子，帽子下缘露出了一圈黑色的边，似乎正是他从展览会上带回来的脑机接口的边缘："天哪，真的！**杰明老师**是不是被红骨从脑机接口入侵了，所以才以为自己就是洪博士的呢？哎呀，好像这几天**杰明老师**一直戴着帽子呢，我还寻思他怎么大热天还戴着帽子呢，原来是为了遮住脑机接口！"

小 G 也恍然大悟："对呀，我说这几天**杰明老师**怎么不太一样了，原来是被红骨入侵了！"

戴维和小 G 接着看屏幕上的直播，只见机器人公司的代表打了个电话，看样子是在和领导商量。过了一会儿，他对光头、长发和**杰明老师**说道："我们公司非常重视安全问题，如果这位洪博士发现了我们公司产品的安全问题，那么非常欢迎与我们沟通，我们一定会尽快修复。洪博士，这边请，我们来讨论一下具体情况。"

杰明老师和光头、长发跟随台上机器人公司的代表去了旁边的房间，屏幕上看不到了。

戴维着急地问神威："神威，看来现在杰明老师已经被红骨入侵了，我们该怎么办？"

小 G 也说道："神威，你觉得红骨控制了杰明老师，他想干什么呢？"

神威说道："你俩先别急。这次红骨的行动目标是机器人公司。我能想到的是，红骨在试图为差分机创建机器人军团。如果能以安全专家的身份进入机器人公司的安全团队，就可以方便他将来控制机器人了。"

小 G 说道："神威分析得很有道理。看来红骨的任务有两个，一个是找到还在研发的差分机，提早让他获得自我意识；另一个就是为差分机创建机器人军团。一旦这两个目标实现，差分机就能提前与人类作对，而不必等到 2049 年。"

戴维说道："太可怕了！咱们得快点把杰明老师的脑机接口拆下来，让他恢复正常。这样不但可以救杰明老师，还能阻止红骨控制机器人军团的行动！"

神威说道："没错，不过大家得好好想想要怎么做。"

小 G 和**戴维**立刻前往学校找小美和大 K 汇合。

到学校时，编程竞赛刚刚结束。白老师看见他俩，埋怨道："小 G、**戴维**，你们的编程能力都很不错，今天怎么都没来参加比赛呢？"

小 G 说："白老师，我今天有很重要的事情，所以没法参加了。没关系，竞赛年年有，我明年一定参加，好好比赛。"

白老师摇摇头："唉，什么事这么重要呀，连只有几个小时的比赛都参加不了？"

小 G 笑着说："这件事真的很重要，事关人类命运呀！"

白老师也笑了："好好好，既然你在为人类命运操心，那我也没什么办法了，等明年再参加吧。正好可以趁着这一年要再好好提高一下编程水平。"

小 G 连声答应了。

少年黑客们汇合后，直奔小 G 家。小 G 和**戴维**把目前知道的情况告诉了小美和大 K。听完，他们都觉得红骨非常难对付，不知道接下来该如何行动。

神威问："大家为计算机研究所准备的安全报告现在进展

如何？"

小美说："我这里把网络防御、机器人巡逻，还有监控设备、门锁的升级这些内容都整合好了，写成了一份报告。"

其他人听后都给小美竖起了大拇指。

神威说道："咱们明天去计算机研究所吧。小 G，你和申副所长联系一下，请他将网络安全负责人邀请过来，咱们把这份报告给他们看看，一起沟通一下看看怎样才能加强安全防护。"

小 G 回答道："好的，我一会儿就联系他。机器人公司那边呢？我们需要做什么？"

"机器人公司那边，我会先去侦查情况。安全专家和开发团队从接触到合作通常不会太快，我们还有时间。"

小美问道："神威，我们对计算机研究所的网站只做了简单的研究，有些结论不能确定，我和大 K 想做一些更加深入的研究，但是可能会对网站造成一些影响，可以吗？"

神威回答道："这样的研究必须要得到网站所有者的同意才能进行。直接进行带有破坏性的研究是违反法律的行为。我们作为白帽子黑客，需要先获得计算机研究所的授权，允许我们对网站进行压力测试和渗透测试，才能进一步深入研究。咱们明天去计算机研究所时，也和他们商讨一下这件事情吧。"

"嗯，明白了。等取得了他们的同意，我们再继续深入研究。"小美点点头说道。

大K愤愤不平地说："黑帽子黑客不遵守规则，直接搞破坏，咱们白帽子黑客研究问题却处处受限，岂不是很吃亏？"

神威说道："白帽子黑客行事就得有规矩，有分寸。不违反法律是白帽子黑客的行为准则之一，必须要牢记。如果白帽子黑客直接进行带有破坏性的研究，造成了影响，那不就和黑帽子黑客一样了吗？"

大K有点不好意思地说："哦，我知道了。"

戴维问道："神威，那杰明老师怎么办呢？我们怎么才能救他？"

"嗯，这确实是个难题啊……看情况，红骨应该是通过4G或5G网络连进了脑机接口设备，然后通过脑机接口控制了杰明老师。"

大K挠了挠头："我们可以直接找机会把杰明老师的脑机接口摘下来吗？"

"不行不行，这么做会对杰明老师的大脑产生不良影响，万一造成杰明老师大脑损伤了那可不得了，咱们再找机会吧。大家现在需要假装不知道这件事，以免打草惊蛇。早点休息，明天咱们去计算机研究所。"

第二天，少年黑客们来到了计算机研究所，申副所长和一位技术人员接待了他们，并给他们介绍道："这位是我们研究所负责 IT 架构和安保的顾鸣工程师。"

顾工程师跟大家挥了挥手："你们好！"

小伙伴们齐声回应道："顾叔叔好。"

顾工程师说道："听说你们给我们所的网络安全和安保工作提了一些建议，我过来听听。"

小美拿出报告书，递给顾鸣："这是我们写的报告书。"

从顾鸣的眼神可以看出，起初他并没有很在意，但在他接过报告书并看到第一页时，表情就发生了变化。

看了几页后，他问小美："这里写的'怀疑此处有重大安全隐患，建议进一步查证'，是什么意思呢？"

小美回答道："我们只做了初步研究，发现有存在问题的可能。要是想进一步研究，可能会影响网络运行，所以我们希望得到你们的授权之后再继续研究。"

顾鸣点了点头："你们年纪很小，做事却非常专业。你们发现的这个 SQL 注入问题确实存在，以前曾有安全团队帮我们找到过几个 SQL 注入问题，但看来这个地方被遗漏了。"

什么是 SQL 注入？

申叔叔，研究所平常使用数据库吗？

当然，我一直用 SQL Server 数据库存储很多研究用的数据。

小美，能不能先讲一下数据库？我不太了解。

数据库是我们存储数据的地方。我们可以把数据库视为一个仓库，只不过里面存放的不是货物，而是各种各样的数据。现在我们来想象有一个搬运工站在仓库门口，当我们要获取数据时，就要给搬运工一个请求，让他把我们需要的数据拿出来。比如，我们要查询编号是 1234 的超级计算机的存储数据，就需要对搬运工说，我需要一台超级计算机的数据，编号是 1234。搬运工就能到仓库里面把相应的数据拿出来给我们了。

哦，这个过程的原理很简单嘛！

这个过程是很简单，但我们在网站上看信息的时候，会比这个过程稍微复杂一点。实际情况是，我们要先告诉网站，我们想看编号是 1234 的超级计算机信息。然后，网站会根据我们的要求创建数据库查询命令，再把命令发给数据库取出数据。恶意攻击者可能会提供一个虚假的编号，并在编号中附带一个恶意的命令。数据库拿到命令以后，会把它解释成两个动作，先拿出编号 1234 的超级计算机相关数据，然后执行恶意命令。这就被称为 SQL 注入攻击。

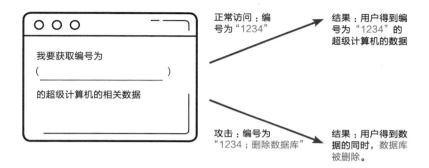

申副所长说道："哦，我明白了，网站应该先检查一下编号是不是正常的，不让恶意的命令跟在后面，这样就安全了。"

顾鸣说道："对，我曾发现过研究所里的网站有这个问题，请安全团队找过一遍，修复了不少。没想到漏了一个很隐蔽的地方。这些孩子很了不起，把这个隐患找出来了。"

听了专业人士的夸奖，小伙伴们都开心地笑了。

顾鸣继续说道："我在安全社区曾看到过一个名为'少年黑客'的账户，发表了不少高质量的漏洞研究案例的文章，你们认识他吗？"

少年黑客们互相挤了挤眼睛，禁不住笑着说道："哈哈，就是我们啊！"

顾鸣惊讶地说："啊？就是你们啊，怪不得这么厉害！你们愿意帮我们加强防护真是太好了！"

小 G 跃跃欲试地说："顾叔叔，那咱们就快点开始吧！"

顾鸣突然说道："哎呀，可是你们都是未成年人，要想签安全防护的协议就需要由成年人来签，谁能代替你们来签呢？"

大家面面相觑，顿时有点泄气了。

顾鸣想了一下，说道："昨天我接待了一个安全团队，他们技术也挺好的，说愿意给我们做渗透测试。我跟他们说说，要不你们就和那个团队一起，不另外签合同了，好不好？"

小 G 想了想，说道："那应该也可以吧。"

"好，那我给他们洪博士打个电话。"

小 G 听后一激灵，急忙喊道："等一下，顾叔叔，先别打！"

这位洪博士是谁？难道是红骨吗？请看下一章。

趣知识

在本章中，小美给大家介绍了数据库的知识。我们知道，数据库负责有条理地存储数据，并满足使用者对数据的查询和修改。乍一看，这两个要求并不难。确实，对于一个小的、访问量不大的数据库来说，要想达到这两个要求并不难。不过，如果规模变大、访问量增加，情况就不同了。

　　我们以电商平台为例。当你在平台上下单的时候，相关的数据要被存进数据库中，比如收货人的姓名、地址、电话，以及货物的编号、数量等，这必然会涉及数据库的操作。根据统计资料，下面是近年来"双十一"活动当天的包裹数量情况。

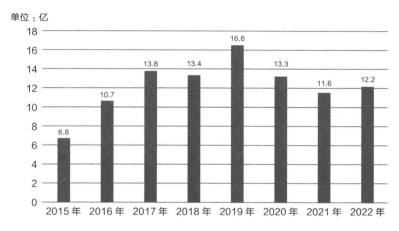

单位：亿

○近年来"双十一"当天的包裹数量
（资料来源：星图数据，中金公司研究部）

　　在 2019 年，"双十一"当天的包裹数达到 16.6 亿件，平均每秒的包裹数达到了 1.9 万件。这数据分布在若干个电商平台中。假设有 10 个电商平台，平均每个电商平台每秒会产生约 1900 件包裹的数据，这要求每个电商平台的数据库平均每 0.0005263 秒插入一条包裹数据。

当然，这些数据并不精确，只是用来估计一下数据库在繁忙的时候大概要满足的性能要求。为了满足这些要求，现代的数据库系统发展出了很多行之有效的方法。

除了要高效率地满足对数据的查询和修改，数据库还需要有严格的安全性管理。比如，要验证数据使用者的身份，确定他的权限，不让他访问没有权限的数据。这些安全性要求往往会对性能造成一些影响。

设计好一个数据库要考虑很多的细节,这是一个系统性工程。

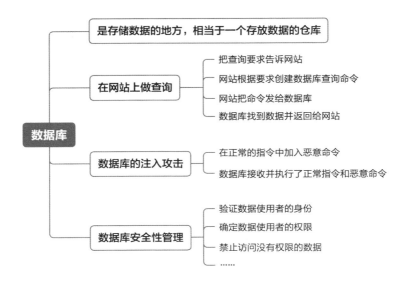

第 9 章
大 K 成了僵尸网络的受害者

上一章讲到少年黑客们在计算机研究所与负责网络安全的顾工程师交流。顾工程师建议他们和另一个安全团队的洪博士合作，共同为计算机研究所提供安全加固服务。

小 G 问道："这个洪博士是不是个外国人，总是戴着一顶帽子？"

"对呀。"

"跟他在一起的是不是还有两个男人——一个光头，一个长头发？"

"对，你认识他们吗？"

小 G 说道："是的，我们可以直接去找他们，您不用打电话了。"

"好的，我等你们消息。"顾鸣边说边把手机放进口袋。

小 G 又问道："顾叔叔，您怎么知道他们技术高呀？"

顾鸣说道："说来也怪，他们来的时候，正好我们所的网站打不开了，网速也很慢。那位洪博士说他能搞定，只用了几分钟他就修好了。你们也认识他啊，你们觉得他的技术怎么样？"

"他嘛，技术是挺高的。顾叔叔、申叔叔，我们先回去了。"

"好的，你们商量好了跟我联系。"

少年黑客们带着疑惑离开了计算机研究所，回到小 G 家里。

小 G 问神威："神威，现在怎么办呀？看样子红骨正在试图进入计算机研究所。"

大 K 说道："我们绝对不能让红骨得逞。他要是得到了计算机研究所的渗透测试项目，就能轻易偷走差分机雏形的详细设计信息和软件代码了！"

戴维也说道："是呀，这样一来，我们就会很被动了。我们一定不能让他得到计算机研究所的渗透测试项目！"

神威同意大家的看法："看来这个红骨相当狡猾，咱们得全力以赴了。一起来讨论一下怎么阻止他吧！"

大 K 说道："神威，如果我们有很多很多的钱，是不是就能很轻松地解决问题了？"

神威不解地问："为什么？"

"如果我们有很多很多的钱，就可以雇一家很厉害的信息安全服务公司来给计算机研究所提供服务，红骨肯定就没有机会得到渗透测试项目了。还有，我们可以采购最为先进的安保设备来进行防护，也能大大提高安全性。"

"哈哈，这个逻辑没错，但问题是，我们如何获得这么多的钱呢？”

“**神威**，前几天去信息科技展览参观时，有人给了我一张传单。我们只要照着做，就可以赚大钱了！”说着，大 K 从口袋里拿出一张折叠起来的传单。

小 G 拿过来念道：“一分钱投入，一万元收益！投入越多，收益越多！数字加密青菜币，再不投资就晚了！”

神威说道：“青菜币？从没听说过啊，大 K，我认为这个百分之九十九是骗人的，是打着数字加密货币旗号的骗局。你要擦亮双眼！”

大 K 说道：“**神威**，你怎么知道它是骗人的呢？”

“有一个非常简单的标准，如果某种投资方式宣称自己的投资收益不可思议地高，就要小心了。天上不会掉馅饼的，收益越大，风险也越大，很有可能会让投资人血本无归。不要幻想一夜暴富，那并不是正确的财富观。这个世界上确实会发生一夜暴富的事情，但概率微乎其微，并不是我们应该去追逐的。我们应该通过努力工作和正常的投资来积累财富。有很多幻想一夜暴富的人因沉沦于幻想而失去了工作和学习的动力，这是一种非常危险的状态。”

听了**神威**的话，大K 的脸有点红了。

小 G 问道："**神威**，我曾听说过区块链、比特币之类的，还有些人买比特币发财了呢。你能给我们讲讲区块链和比特币吗？"

"我们可以将区块链技术视为一种去中心化的账本系统。与之相比，传统的银行是中心化结构的。比如，你通过银行借给小美 100 元钱。当你转给她 100 元钱时，银行会从你的账户中扣掉 100 元钱，给小美账户中增加 100 元钱。也就是说，这些操作都是银行在做的，因此银行必须要取得大家的信任。"

小 G 说道："那如果我直接给小美 100 元钱现金呢？"

"如果你在没人知道的情况下这么做，你就要承担小美赖账的风险了。"

小美撇着嘴说："哎呀，**神威**，我哪里会赖账啊？"

神威笑着说："哈哈，我只是为了便于给大家讲明白这个道理，不是故意要冒犯你的。我想提醒你们的是，并不是所有的人都是诚实的，所以这些转账要记录下来，这就是账本的意义了。区块链技术就是让很多人一起把这个转账行为记录下来。就好像当小 G 把 100 元钱借给小美时，周围好多人掏出小本记下小 G 借给小美 100 元钱这件事。在传统情况下，该过程是由银行做记录的，银行是中心。现在变成很多人同时做记录，不需要银行，也没有中心，因此这就是去中心化的账本。"

小 G 说道："嗯，这个我懂了，听起来挺有意思的。比特币又是什么呢？"

"比特币是第一种使用区块链技术的应用。人们通过区块链来产生和交易比特币，每一个账户的交易信息都采用了非常强大的加密技术以确保安全性。"

大 K 问道："比特币是钱吗？"

神威说道："现在主流的看法是，把比特币定义为一种数字资产，它和钱是有区别的。你说的钱，学名叫作货币。我们国家使用人民币，美国使用美元，欧洲有很多国家都使用欧元作为货币。现代意义上的货币需要由主权国家政府或是政府委托的组织机构来发行，其他的人或组织机构则都没有发行货币的权利。"

大 K 又问道："神威，在未来，比特币是不是很值钱呀？"

神威哈哈笑道："你问这个干什么呀？很遗憾，我可不能告诉你们哦，对此我需要保密。言归正传，我还是想提醒大家，我们应该通过努力工作和正常投资来累积财富。幻想一夜暴富是一种非常危险的状态。你们想想看，如果一个本来年轻有为、能为社会做出卓越贡献的人，却把注意力放在了财富的起起落落上，每天只关注交易价格，那么可想而知，他的主业就会荒废了。"

"是啊，**神威**说得非常对，"小 G 说道，"如果大家都是这样的状态——农民不种田了，工人不干活了，科学家不搞研究了，社会就无法进步了。"

小美表示同意："对，咱们不要太关心这些。好好学习、掌握本领，以后打败差分机才是最重要的。"

神威说："对，小美说得好，你们这个年纪，正是学本领、长知识的好时光。有些黑帽子黑客利用大家想发财的欲望，让大家安装了加密数字货币软件，实际上是他们用来控制计算机的木马病毒。用户一旦安装后，计算机就被黑帽子黑客控制了。"

大 K 问道："我知道木马是计算机中的后门程序，黑帽子黑客能通过它远程控制计算机。我很好奇，为什么要叫它'木马'呢？它既不是木头的，也不是一匹马啊！"

小美笑道："哈哈，我给你补补历史知识吧！这是来源于古希腊神话《荷马史诗》中的故事《木马屠城记》。这个故事讲的是，希腊军队攻打特洛伊城长达10年不能获胜，后来他们把一队全副武装的士兵藏进一匹巨大的木马中，其他士兵则假装撤走。特洛伊人发现希腊人都走了，还留下一匹木马，就把木马当成战利品拉进城里。半夜，藏在木马中的士兵出来杀死了守卫，打开城门。之前假装撤走的希腊士兵又返了回来，把特洛伊城占领了。"

大K明白了："哦，怪不得。'木马'原来是这个意思。"

○意大利画家乔凡尼·多美尼科·提也波洛笔下的特洛伊木马

大K又问道："神威，这个青菜币的软件有没有问题呢？"

神威说道："稍等我一下，我来查一查。"

过了一小会儿，神威说道："这个青菜币软件中的确隐藏着木马病毒。而且，这些木马病毒已经形成了一个很大规模的僵尸网络了。"

大K吓了一跳："啊？什么？僵尸网络？"

小G问道："大K，怎么这么激动？你不会已经安装了吧？"

大K脸红了："嗯，是啊，我在家里一台电脑上装了，想赚些钱。"

神威说道："你呀，这么不小心，你回去必须把硬盘格式化，重新安装操作系统，以后可别再这样安装不明来源的软件了。"

"哦，我知道了。"大K嘟哝着。

神威，给我们讲讲僵尸网络吧！

"僵尸网络"是中文的说法，英文是Botnet，并没有"僵尸"的意思。"Botnet"是由"robot"（机器人）和"network"（网络）两个单词组合而成的，前者是"机器人"的意思，后者是"网络"的意思。因此，"Botnet"的直译是"机器人网络"。中文译法中之所以使用"僵尸"一词，是用此来形容中了木马病毒之后的计算机被远程控制者操控，如同僵尸一样不能自主。僵尸网络中有很多这样的计算机，在控制者指挥下统一行动，控制者就像赶尸人一般，驱赶着成千上万的僵尸兴风作浪，威力不可低估啊！比如，控制者可以命令这些计算机一起访问某个网站，这个网站就会承受巨大的访问量，服务器忙不过来了。这样一来，正常的访问就会变得很慢很慢，甚至完全访问不了，这被称作"分布式拒绝服务攻击"，英文为 Distributed Denial of Service attack，我们将其简称为"DDoS 攻击"。

小 G 听后担忧地对大 K 说道："太可怕了！大 K，你家的电脑已经是这样的僵尸了，以后可一定要提高警惕呀！"

大 K 说道："嗯，我回去就把僵尸清理掉！"

小美问道："神威，杰明老师被红骨从信息技术展览上的脑机接口入侵，大 K 拿到的小广告又带有木马病毒，感觉这并不是巧合吧？会不会都是红骨安排的呢？"

戴维说："杰明老师当时已经被告知脑机接口是半成品、有风险，但他还是不听。估计红骨发现了脑机接口有漏洞，才造成了目前的这种情况。大 K 拿到的小广告肯定是非法发放的，但这件事是否和红骨有关还是不太好说。"

小 G 突然说道："神威，你能不能查到这个僵尸网络的控制者在哪里？我还是怀疑应该和红骨有关系。"

神威说道："这些僵尸计算机现在一直在查询某个网址，估计是等待这个网址发布命令。要是一直没有命令，我们就很难有线索找到究竟是谁在控制僵尸网络。"

小 G 突然道："啊，我记得顾工程师说，在洪博士去计算机研究所的时候，研究所的网站打不开了，洪博士用了几分钟就解决了问题。"

戴维拍了拍脑袋，恍然大悟地说："对！这说明洪博士先控制僵尸网络进行拒绝服务攻击，然后停止攻击，假装是自己修好的！"

神威兴奋地说道："不错，你们提醒了我。我突然想到了一个行动计划！"

神威有了什么行动计划？请看下一章。

趣知识

在本章的故事中，大 K 安装了一款青菜币软件，导致自己的电脑中了木马病毒，成了僵尸网络的一员。黑帽子黑客和网络犯罪分子使用特殊的木马病毒攻击并控制多台计算机，然后将所有受感染的计算机组成一个能够让他们远程管理的"机器人"网络。这就是僵尸网络。僵尸网络中受控制的电脑又被称为"肉鸡"。

通常，黑帽子黑客和网络犯罪分子会寻求感染和控制成千上万乃至数百万台计算机，使自己成为一个大型僵尸网络的实际控制者，进而能够发起分布式拒绝服务攻击（DDOS）、大规模垃圾邮件活动或其他类型的网络攻击。

有时，大型僵尸网络的访问权限会以出租或直接出售的形式卖给其他犯罪分子，僵尸网络的控制者能够以此牟利。

为了避免自己的电脑成为被人控制的僵尸电脑，我们在平时使用电脑时，一定要注意安全并依靠防毒软件的帮助检查电脑。

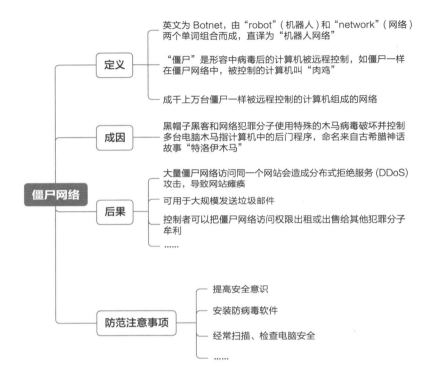

僵尸网络

定义
- 英文为 Botnet，由"robot"（机器人）和"network"（网络）两个单词组合而成，直译为"机器人网络"
- "僵尸"是形容中病毒后的计算机被远程控制，如僵尸一样 在僵尸网络中，被控制的计算机叫"肉鸡"
- 成千上万台僵尸一样被远程控制的计算机组成的网络

成因
- 黑帽子黑客和网络犯罪分子使用特殊的木马病毒破坏并控制多台电脑木马指计算机中的后门程序，命名来自古希腊神话故事"特洛伊木马"

后果
- 大量僵尸网络访问同一个网站会造成分布式拒绝服务 (DDoS) 攻击，导致网站瘫痪
- 可用于大规模发送垃圾邮件
- 控制者可以把僵尸网络访问权限出租或出售给其他犯罪分子牟利
- ......

防范注意事项
- 提高安全意识
- 安装防病毒软件
- 经常扫描、检查电脑安全
- ......

第 10 章
戴维的魔法

上一章讲到青菜币软件里隐藏的木马病毒构建了一个庞大的僵尸网络，大家猜测其幕后黑手就是红骨。正在讨论时，神威突然说他有一个行动计划。大家迫不及待地问："什么计划？快说来听听！"

神威把他的计划详细地告诉了少年黑客们，大家听后都称赞这个主意很好，决定按照计划执行。随后，神威给他们分派好任务，他们便分头去准备了。

第二天一早，少年黑客们又在小G家集合了。小G拿着手机对大家说："你们准备好了就告诉我，我在这里等待命令。"

其他人打开神威眼镜的虚拟现实模式，进入了网络虚拟空间。神威带着大家来到了他找到的僵尸网络命令分发服务器。根据神威的推断，只要在这台服务器上放置命令，僵尸网络的所有僵尸计算机就都会按照命令行动了。

大K问道："神威，如果我们在这里放上命令会怎么样？那些僵尸计算机也会听我们的吗？"

"嗯，从理论上讲会的，但咱们得先把这台下命令的机器攻破了才行，还需要搞清楚命令的格式、加密的方法，否则要是咱们写出来的命令无法让僵尸计算机看懂，就起不到什么作用了。我们只要守在这里，等待有人来下命令就可以了。大 K，你注意观察你家里的那台僵尸计算机有什么异常动作。"

大 K 回答道："好的，放心，我正盯着呢。"

神威又架起了一台观测仪器，对大家说道："它能记录所有对这台命令分发服务器的访问。一旦这里出现了命令，我们就可以分析出是哪里来的访问发来的，再按线索追踪。"

神威通过眼镜对正在等待命令的小 G 说："小 G，你现在联系顾工程师吧。"

小 G 答应了一声，拨电话呼叫顾鸣。

接通后，小 G 说道："顾叔叔您好，我是小 G。"

"哦，是小 G 啊。怎么样，你和洪博士联系过了吗？"

"是这样的，我们调查了，我们怀疑这个洪博士是一个黑帽子黑客，他控制了一个僵尸网络。上次他解决了计算机研究所网站的问题，很有可能是他自编自导的。"

"哦？真的吗？"

"是的，我们认为，他先命令僵尸网络的计算机全都来访问研究所的网站，因为访问量突然大幅度增加，使得服务器无法承受，便形成了一个拒绝服务攻击，导致网站打不开，网速也很慢。当你们请他解决问题时，他只要再下一个命令给僵尸网络的计算机，让它们停止攻击，网站就恢复正常了。"

"哦，你这么一说，感觉还真有可能。我说怎么那么巧，他们来时网站就出问题了呢！你们有什么建议吗？"

"我们想验证一下我们的猜测是不是真的，您能不能配合我们一下，给洪博士打个电话，告诉他想再确认一下他的能力，假装同意要是他还能快速解决问题，就把网站渗透测试的工作交给他。"

"这个倒是没问题，我们本就是要和他签协议了，再和他确认一下也挺有必要的。"

"嗯，这件事非常重要，拜托顾叔叔了！"

"好的，我这就打电话。"

过了一会儿，顾工程师打完电话回来了："洪博士说，他不知道什么时候会再出现问题，不过，根据他的经验，肯定是有人盯上了我们这里，估计不用多久就会再出问题，到时候他还能很快解决的。如果我们把渗透测试工作交给他，他就能永久解决这个问题。听起来有点像是敲诈的行为逻辑呢！"

小 G 说道："是啊，顾叔叔您也看出来他是黑帽子黑客了。

接下来，我们就等着他行动吧！等他一旦发动攻击，我们就揪住他。"

"好的，那先这样。我等你们的好消息。"

小 G 挂了电话后，打开眼镜的虚拟现实模式，按照**神威**给的地址，很快来到了观测点。他对**神威**说道："已经安排好了，顾叔叔去找过洪博士了。"

神威点点头："好，咱们在这儿一起等吧！"

"嗯！"小 G 和伙伴们一起注视着控制僵尸网络的命令服务器，大 K 则一直关注着家里的僵尸计算机的动静。

这时，戴维突然轻轻笑了一声，气氛一下子变得不那么紧张了。

小 G 好奇地问道："戴维，你笑什么呢？"

戴维说道："我收到我父母发来的一封电子邮件。"说着，他把一张照片展示给大家看。照片上有一男一女在院子里浇花，女士对着镜头微笑。

小 G 说道："你的父母看上去好年轻啊！"

戴维说道："Thank you（谢谢），小 G。考考你，你能从这张照片中找到他们写给我的电子邮件的内容吗？"

"在哪儿？在这张照片里？"

"是呀，就在这张照片里。"

小 G 看了看："哈哈，我找到了，在他们身后浇花的水管上有字。"小 G 把图像放大，这几个字原来是"Made in China"（中国制造）。

大家都笑了起来。

小 G 连忙说："别急呀，我再找找。"小 G 仔细找了好几分钟也没有找到，只好放弃了："不知道啊，看不出来。小美、大 K，你们看出来了吗？"

"没有，我们也看不出来。"

神威说道："我看出来了，他们在问戴维这边过得怎么样，有没有交到好朋友呢。"

小 G 疑惑地问："神威，是不是逗我玩呢？哪儿写了这些啊？"

神威说道："之前我和你们讲过信息加密，就是把信息变成别人看不懂的样子。其实还有一种秘密传输信息的方式，被称作信息隐藏，你们听说过吗？"

看到小 G、小美和大 K 一头雾水的样子，神威笑着说："其

实很简单，就是把信息藏起来，以免被别人发现。"

　　大K问道："信息能怎么藏起来呢？"

　　"其实，人们从很久以前就开始使用信息隐藏了。比如，据说古希腊有奴隶主为了给另一个奴隶主传递秘密信息，就将自己的一个奴隶头发剃光，在他的头皮上写字。等到奴隶的头发长起来，盖住了头皮上的字，再把奴隶送过去。到了目的地，信息接收者把奴隶的头发剃光后就可以读到字了。"

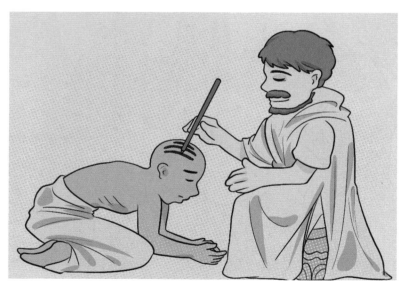

　　○一种信息隐藏的方法，剃光头发后在头皮上写字，等头发长出盖住字

　　小 G 伸了伸舌头："这速度也太慢了。要等奴隶的头发长出来，这得多长时间啊！"

　　神威说道："是啊，效率的确是低了一些，但这确实是一种做信息隐藏的方法。现在给你们看个有意思的照片。"说着，神威把戴维父母的照片变成了一个数字矩阵，一个个方方正正的格子横竖整齐地排列着，每个格子里面都是一个整数。

大家都知道，计算机中的图像是由一个个像素点组成的。每个像素点用红、绿、蓝三原色的数值来表示，每种颜色的数值范围为 0 ~ 255。我给大家看的这个数字矩阵是其中的红色数字矩阵。戴维父母的这张照片，是 1024×768 像素的常见大小。对于这种大小的图像，对于每个像素，如果我们只用颜色数值二进制表示的最低位来传递信息，那么在换算成汉字后，约有 32 000 个字。再加上绿色和蓝色数字矩阵，就能传递接近 100 000 个字了。因为操作者只对原图像改了一点点，所以肉眼完全看不出来变化的，能很好地隐藏信息。

　　小 G 点点头，说道："我明白了，是不是戴维的父母先拍好照片，再把照片的个别像素修改一下，给咱们传递一些信息

呢？虽然每个像素传递的信息很少，但整幅图片的信息加起来
就很多了。"

神威说道："对呀，就是这样。"

小 G 笑着说道："这还挺好玩的！"

戴维很自豪地说道："我和我的父母很早以前就用这种方
法来隐藏信息了。我还专门写了自己的程序，不仅能把信息加
到图像中，还能把隐藏的信息从图像中提取出来。"

突然，一直关注着自己家那台僵尸计算机的动静的大 K 喊
道："大家注意，有动静了！"

少年黑客们一听，立刻提高了警惕。

大 K 说道："我家里的那台计算机正在疯狂地访问计算机
研究所的网站呢！"

大家一看，命令分发服务器上此时的确有了一个命令。神
威打开观测记录，找到了使命令出现的那条访问命令，赶紧带
着大家追踪。

这条访问命令像上次追踪腊肠一样，也通过了好多的代理，
但最终神威还是带着大家找到了红骨的藏身之处。

在网络虚拟空间里，大家看到了一座高大的城堡，城上飘

着一面旗帜，旗帜上有一只棕红色的狗头图案，这狗头图案和小 G 在软件公司参观时从 3D 眼镜中看到的一模一样。

小 G 说道："红骨原来就是从这里控制了命令服务器，还连接到了杰明老师的脑机接口啊！"

"是的，"神威说道，"小 G、大 K 和戴维，你们三个现在退出虚拟空间，赶快去杰明老师的宿舍，我已经确认了他现在正在宿舍里。"

三个小伙伴答应后，立刻回到现实世界，前往杰明老师的宿舍。

神威对小美说道："小美，快把以前从腊肠那里获得的攻击程序库给我。"

小美说道："好的，马上。"说着，她从口袋里拿出一个小盒子，小盒子立刻变大，成了一个大箱子。

神威打开箱子，只见里面是一堆匕首、炸弹。神威看了看远处的城堡，开始挑武器，挑了一会儿，他挑到了一把匕首。

神威说道："这款攻击程序正好合用，腊肠帮了我们大忙了。"

小 G、大 K 和戴维很快赶到了杰明老师的宿舍。在宿舍门前，小 G 先向神威报告已经到达。神威告诉他们，攻击程序已经就绪。

接着，小 G 打电话给顾工程师，小声地说："顾叔叔，现在是不是访问的速度很慢了？"

"对，现在网站出现了问题，无法访问。"

"那您打电话给洪博士，请他解决问题吧。"

"好，我现在就打。"

很快，杰明老师屋里响起了手机铃声。少年黑客们在门外听到杰明老师在电话中说："哦，顾工。是吗？出现问题了吗？好的，我只需一分钟就能解决，请稍等。"

过了一会儿，杰明老师又说道："顾工，怎么样，是不是已经好了？您看，我早就跟您说过了，我们的技术是一流的。您把渗透测试的工作交给我，我就能保证以后再也不会发生这种事情了。"

站在杰明老师宿舍门外的小 G 通过眼镜小声说道："神威，行动！"

"好。"神威一边说一边把匕首向城堡扔了过去。匕首穿越城门，飞进城堡，没多久，城堡就轰隆隆地坍塌了。

神威对三个小伙伴说道："好了，行动！"

　　戴维拿出钥匙打开了宿舍门，只见杰明老师趴在桌上一动不动。大家赶紧把他扶上床，小 G 把他的帽子取下，只见脑机接口贴合在他的头上。戴维找了一会儿，终于找到取下脑机接口的开关，按了一下后，把脑机接口取了下来。

　　可是，他们在一旁等了好久，杰明老师还是昏迷不醒。

　　杰明老师终于摆脱了脑机接口，他会恢复正常吗？他的大脑受到损伤了吗？请看下一章。

趣知识

在本章中，戴维和他父母在图像中隐藏了信息，神威也举了一个古希腊的奴隶主隐藏信息做法的例子。常见的例子还有，先用米汤在纸上写字，干了之后就看不见了，这时只需用碘酒涂一下，就会显现出蓝色的字迹。

信息隐藏和信息加密的差异为：信息隐藏后，其他人并不知道隐藏信息的存在；对于信息加密，其他人知道有信息在传输，也能看到正在传输的加密的信息，却无法知道这些信息解密后是什么样子。

如今，计算机中存储的图像通常是由一个个像素点组成的。彩色图像的每个像素点都有红、绿、蓝三种颜色，每种颜色用 8 位二进制数表示，可以表示 0 ~ 255，共 256 级。假如我们用最低的一位传递信息，那么每种颜色最多只会与原图像偏移 1，相差很小。

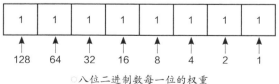

○八位二进制数每一位的权重

在下图中，原图和翻转像素最低一位的图，你能分辨出区别吗？其实，在翻转少于三位的情况下，区别都不太大。

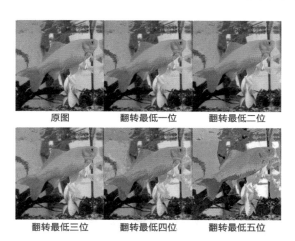

原图　　　　　　　翻转最低一位　　　　　翻转最低二位

翻转最低三位　　　翻转最低四位　　　　　翻转最低五位

除了在图像里隐藏信息，我们还可以在音频、视频，以及其他种类的文件中隐藏信息。只要不影响原文件的功能，隐藏信息就不容易被发现。

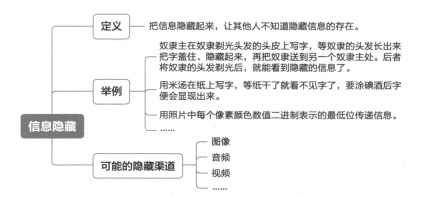

第 11 章
少年黑客团协助计算机研究
所查漏洞

......什么是红外线............................|

　　上一章讲到**神威**在网络上攻击了红骨，少年黑客们除掉了**杰明老师**的脑机接口，救了**杰明老师**。不过，**杰明老师**仍处于昏迷状态。

　　小美也来到了**杰明老师**的宿舍，看到**杰明老师**这样的情况，非常担心："咱们快叫救护车送他去医院吧！他的大脑可能是受到损伤了。"

　　这时，**杰明老师**突然醒了，他一睁眼看到小 G 他们，大吃一惊道："我这是在哪儿？"

　　大家看到**杰明老师**终于醒了，松了口气。

　　杰明老师坐了起来，看了看周围，迷迷糊糊地说："哦，这是在我宿舍里呢。你们在这儿做什么呢？"

　　戴维问道："**杰明老师**，您记得的最后一件事是什么？"

　　杰明老师想了想，说道："我印象比较清楚的最后一件事是我戴上脑机接口，正在调试。后面的事情好像突然就变得模模糊糊了，有时好像有点感觉，但又没有什么感觉。我是不是睡着了，并做了个梦？"

　　戴维说道："哎呀，这可比做梦可怕多啦！您被坏人通过脑机接口控制啦！"

"什么？！我被控制了？"杰明老师睁大了眼睛问。

"是啊！咱们参观展览会时，工作人员跟您说了这个脑机接口还是半成品，您未重视。这里面是有漏洞的，您被攻击了。"

"天哪！是你们救了我？"

"是啊，要不是我们救了您，您还不知道要被控制多久呢！"

"太感谢了，谢谢你们！"

小 G、大 K 和小美连声说道："不用谢，不用谢。杰明老师您好好休息吧，我们走了。"

"好的。"

戴维和伙伴们说道："我再在这儿陪杰明老师待一会儿，晚点回去。"

小 G 到家后躺在床上休息，通过神威眼镜和大家讨论今天的事情："神威今天这个行动策划得真漂亮，咱们不仅把杰明老师救了下来，还阻止了红骨想进入计算机研究所的企图。"

神威说："大家配合得很好，这就是少年黑客团的力量！咱们这一击够红骨受的。"

小 G 说道："哈哈，神威一出手，红骨命没有！"

小美笑着说："小 G，别闹了。神威，咱们真的已经消灭红骨了吗？"

"我觉得，红骨这么狡猾的家伙，是不会就这么简单地被消灭的，他肯定还有其他的副本。因此，我们还要继续为计算机研究所提供安全加固措施。小 G，你联系一下白老师吧。既然你们没办法签协议，就请白老师出面去一趟计算机研究所，跟他们签一份渗透测试和安全加固的协议吧！"

小 G 答应道："嗯，好的。白老师应该会帮忙的。"

小美通过眼镜问道："戴维，在吗？"

"在的，我还在杰明老师宿舍呢。"

小美问："杰明老师没什么问题了吧？"

"他已经完全恢复正常了，我过一会儿就回去了。他说他已经吸取了教训，不戴这个脑机接口了。不过我还是不太放心，过一会儿我把这个脑机接口带回去。"

大 K 说："这样好，没有脑机接口，杰明老师就应该不会出问题了。"

小 G 打电话给白老师，说明了想请他帮忙与计算机研究所签订渗透测试和安全加固的协议。白老师非常爽快地答应了，和小 G 约好第二天上午在计算机研究所碰头。随后，小 G 也和顾工程师约好，告诉他会请指导老师来签订协议。

第二天，少年黑客们提前一点来到了计算机研究所，白老师很快也赶到了。小 G 打电话给顾工程师，他出来接待大家。

小 G 向顾工程师介绍："顾叔叔，这是我们学校的信息课老师白老师，他还是我们团队的指导老师。"

顾鸣和白老师握了握手，说道："白老师，您的这几个学生相当优秀，是信息安全界的希望啊，帮了我们不少忙。"

白老师谦虚地说道："哈哈，您过奖了。他们很愿意研究这方面的内容，因此我鼓励他们进行更多的实践，不要纸上谈兵。只有从实践中学习到的本领，才是真实的本领。"

顾鸣也笑道："他们不仅从我们的系统中找到了一些漏洞，还帮助我们修复了漏洞，没有比这更好的实践了。"

白老师很为自己的学生们骄傲，他建议道："顾工程师，信息科学是我们学校近些年办学的特色领域，而且我们也很希望能为学生们提供更多实践机会，不知道我们学校能不能与你们研究所建立合作关系，共同建立一个信息科学的实验站呢？"

"这个想法太好了！这样一来，我们研究所就可以在青少年教育方面做出一些贡献了。"顾鸣爽快地答应了。白老师和少年黑客们听后都非常高兴。

顾鸣带着大家进了他的办公室，坐下后，他问道："小 G，那个洪博士的情况搞清楚了吗？"

小 G 回答道："他确实是一个僵尸网络的管理人，他先对研究所网站进行了拒绝服务攻击，又假装把问题解决了。他已经知道我们把他揭穿了，所以应该不会再跟您联系了。"

顾鸣赞叹道："你们不仅实战攻防能力强，还非常谨慎。把渗透测试和安全加固工作交给你们，我放心。咱们来签订协议吧！"

白老师和少年黑客们认真地查看了协议，都觉得没什么问题。协议对小 G 他们的约束，主要是不能透露工作中涉及的计算机研究所内部信息，包括发现的漏洞、网络架构等——这些本来就是白帽子黑客应该遵守的准则。

白老师签好了字，说："大家加油！"

小 G 站直了，敬了个礼："白老师放心，我们一定不会给您丢脸的。"

小美和大 K 拿出笔记本电脑，和顾鸣开始讨论起计算机研究所的网络架构。只有了解更多的信息，他们才能提供更

好的防护方案。白老师对网络架构的技术也很熟悉，也加入
了讨论。

戴维拿出了他的履带机器人，打开开关，放在地上。机器
人开始在地上移动了。戴维拿着遥控器，遥控器上有一个显示
屏，正在显示机器人身上的摄像头所拍到的内容。

小 G 问道："这个机器人需要遥控才能动吗？"

戴维说道："它有两种模式，既可以遥控，又可以自主运动。"

"如果没电了怎么办？"

"我在走廊里安装了充电站，当它快没电的时候，会自动
去充电的。"

"它会不会撞到其他东西呢？"

"不会，我还给它安装了激光雷达，可以精确地描绘出周
围的立体空间，知道哪里有障碍物。"

小 G 听了很佩服，竖起大拇指说："哦，这个小家伙还挺
灵敏的啊！"

机器人慢慢地沿着走廊前进，它上面的激光雷达和摄像头
也在不停地旋转。小 G 好奇地问："这个小机器人在左顾右盼
地做什么呀？"

"我现在带着它把巡逻场所都走一遍，这样就能把空间信息都存储在它的电脑里，它就不会迷路了。"

"哈哈，这让我想起家里的扫地机器人。它也是先把家里的情况都记录下来，以后打扫时就能轻车熟路了。"

"是的，别看这机器人小，我可是给它运用了汽车自动驾驶技术呢，比现在街上跑的自动驾驶车辆都先进。"

正说着，机器人走到了楼梯边上，只见它伸出四根杆子，宛如它的四条腿，顺着楼梯稳稳地走了下去。

见此情景，小 G 说道："好吧，我承认，它比普通的扫地机器人厉害不少，还能变出腿来自己下楼呢。"

戴维得意地笑了："那还用说！这个机器人很酷的，我还给它安装了激光发射器，可以在关键时刻当武器。"

"戴维，**神威**之前不是说过吗，不能让它自主决定攻击！"

"我知道，你放心，我已经改好了。我的设置是，激光发射器必须要远程遥控开火，由人来做决定。"

戴维和小 G 带着机器人在楼上楼下转了一圈，还到差分机原型的机房门口多逗留了一会儿。因为这里是重点防护区域，信息搜集也需要更加仔细一些。

逛完之后，戴维又找了顾鸣要了计算机研究所里所有员工的照片，并存储在机器人的电脑里，这样就能让它区分员工和陌生人了。

小 G 问道："戴维，到了晚上熄灯之后，机器人还能看清楚周围吗？"

"放心，我给它安装了红外摄像头，即使是在很暗的环境里，它也可以看到周围的事物，能正常巡逻。"

"哦，我知道了，我记得只要是热的物体就会发射出红外线，你给它安装的红外摄像头是不是能看到这样的红外线？"

神威突然通过眼镜和小 G 说话了："红外摄像头的原理并不是这样的。"

小 G 一激灵，问道："啊，神威你吓了我一跳，我说的不对吗？"

我们周围的物体确实都会发出红外线，而且温度越高，发出的红外线越强。不过，这种红外线被称为远红外线，人眼看不见。探测远红外的难度大、成本高，而且需要使用专门的热成像仪，这种仪器的价格也很高。红外摄像头上安装的红外线灯发出的红外线是近红外线，人眼也看不见，但相比远红外来说，探测难度不高。红外线灯发出的近红外线遇到障碍物反射回来，就能被摄像头看到了。

哦，原来是这样的！所以这样的红外摄像头好像是用了一个手电筒在夜里把景物照亮了，只不过照亮景物的光线我们看不到。

对，这样理解是正确的。不过，这样是看不见颜色的，拍摄的图像都是黑白的。

哦，怪不得很多监控影像都是黑白的，但也够用了。这样机器人在黑暗中照样可以巡逻。

机器人收集信息结束了，小美、大K他们也结束了讨论。顾鸣看见了戴维制作的机器人，夸奖道："真不错，晚上就让它来巡逻吧！戴维，你的这个机器人可以去参加'国际青少年机器人精英挑战赛'，我觉得它一定能拿冠军。"

小G有点好奇地问道："顾叔叔，您也知道这场比赛吗？"

顾鸣说道："是啊，我知道的，而且我们所里申副所长负责的差分机项目也要去决赛现场展示人工智能的研究进展呢！"

戴维高兴地说道："那太巧了，我已经报名参加了。在决赛现场，它还可以继续保护人工智能超级计算机。"

"好的，一言为定！"顾鸣和戴维击了个掌。

顾鸣又说道："谢谢你们，接下来的一段时间就麻烦你们了。"

"不麻烦的，顾叔叔再见，咱们保持联系。"

回到家里，小美和大K继续进行渗透测试研究，寻找计算机研究所的网络漏洞。小G协助戴维设计机器人的升级版本，尝试添加更多功能。这样的日子过了好几天，少年黑客们既要做作业，又要忙着完成任务，过得非常充实。

有一天晚上，小G和戴维刚要睡觉，桌上的遥控器突然响起了警报。

戴维一骨碌坐了起来，小G也跟着坐了起来，警惕地问道："是机器人报警了吗？"

"对！我看看怎么回事。"戴维拿起遥控器，看到屏幕上机器人的摄像头拍到的画面后大吃一惊。

机器人为什么报警？是有坏人来了吗？请看下一章。

趣知识

本章中，戴维告诉小 G，他设计的巡逻机器人即使在晚上没有灯的黑暗环境里也能看清周围的情况，这其中的秘诀就是红外线。

你知道的,太阳光是白光,通过三棱镜后可分解成七种颜色。

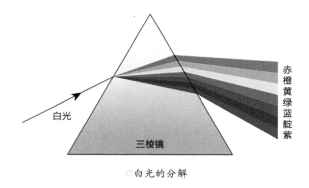

○白光的分解

那么，太阳光中是不是只有这七种颜色呢？其实并不是。在光谱上，红色的外面还有红外线，紫色的外面还有紫外线，但是我们的肉眼看不到它们。

人们是如何发现红外线的呢？ 1800 年，德国科学家威廉·赫胥尔（William Herschel）在测量不同颜色光的热效应时，采用的方法是在不同色带上放置一支温度计，希望通过温度上升的速率比较不同颜色光的加热效应。他发现，被放置在红色光带的外侧的一支温度计的温度竟然升高得很快。由此，他得出这样的结论：太阳光中必然存在一种人眼看不到的光线。由于它的光谱位于红色光的外侧，因此被称作"红外线"。

红外线摄像头使用的红外线通常接近于可见光，波长约为800nm～1100nm，被称为"近红外线"。它的红外灯发出红外线照射物体，红外线漫反射，被摄像头接收，形成图像。

在日常生活中，温热的物体发出的红外线与可见光相差较大，比如温度36℃的人体表面，发出的红外线波长约为9300nm，属于远红外波段，需要借助专门的仪器才能探测到。

◎带有红外灯的摄像头

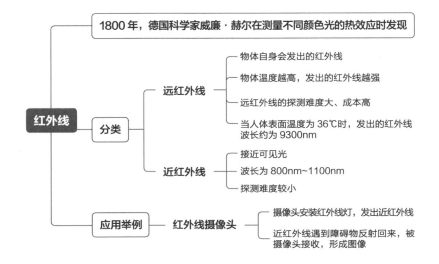

红外线

- 1800 年，德国科学家威廉·赫尔在测量不同颜色光的热效应时发现

- 分类
  - 远红外线
    - 物体自身会发出的红外线
    - 物体温度越高，发出的红外线越强
    - 远红外线的探测难度大、成本高
    - 当人体表面温度为 36℃时，发出的红外线波长约为 9300nm
  - 近红外线
    - 接近可见光
    - 波长为 800nm~1100nm
    - 探测难度较小

- 应用举例
  - 红外线摄像头
    - 摄像头安装红外线灯，发出近红外线
    - 近红外线遇到障碍物反射回来，被摄像头接收，形成图像